주말낚시

주말낚시

수문 주말시리즈 [15]

송소석 지음

秀文出版社

머 리 말

토요일 휴무제가 정착된 외국에서는 'Out Door Sport' 또는 'Out Life'라 하여 주말에는 온가족이 낚시도 하고, 여행을 하며 야외에서 주말을 즐기는 것이 생활의 일부로 정착되었다.

물고기를 많이 먹는 일본 사람은 겨울에도 댐이나 호수에 가서 빙어, 열목어 낚시를 하며 가족이 둘러앉아 튀김, 조림 등을 만들어 즐겁게 먹는다.

미국이나 구라파에서도 주말이 되면 가족이 계류와 호수에서 캠핑도 하며 야외에서 즐긴다. 아빠는 아들에게 루어낚시를 가르치고, 낚아서는 안되는 보호어종과 법이 정한 크기에 미달하는 작은 고기는 방류하는 것으로 현장에서 산 교육을 시킨다.

우리나라에서는 야외에서 가족이 함께 지내는 것은 1년에 한번 여름 휴가철 뿐이었는데, 낚시가 사회체육의 한 장르를 지정된지 오래 되었는데다가 토요일 격주 휴무제가 제도화 되고 있어서 주말이면 가족이 함께 호반에서 캠핑을 하며 낚시도 하고, 가족이 낚은 피라미를 튀기고 끓여 먹는 단란한 광경을 많이 볼 수 있게 되었다.

우리나라 낚시터는 수도권 일부 낚시터를 제외하고는 아직은 물이 깨끗하다. 게다가 낚시터는 계절에 따라 자연 경관이 아름답다. 봄에는 진분홍색, 여름에는 초록색, 가을에는 노랗고 붉게, 겨울에는 하얗게 호수를 물들인다.

뿐만 아니다. 낚시터에는 하루종일 매미 우는 소리가 들리고, 밤낚시를 하면 도시에서는 볼 수 없는 은하수가 하늘과 수면을 덮는 것을 볼 수 있다.

숨막히는 매연과 소리의 공해에서 주말 하루 가족과 함께 도시에서 벗어나 낚시도 하고, 명승지와 사적지, 온천장 등을 두루 돌아보고, 그

지방 특색있는 먹을거리도 맛보면 즐거운 하루가 되고 건강한 가정을 이루게 될 것이다.

국내에는 5천평 이상의 저수지와 댐, 수로 낚시터가 5천 여개가 있고, 유료낚시터는 5백 여개소가 있다. 유료 낚시터는 수도권에 편중되어 있었는데 요즘에는 전국 각지로 확산되고 있다.

여기 「주말낚시」에 수록된 낚시터는 경치가 아름답고, 물이 깨끗하면서 붕어, 잉어, 향어가 있는 낚시터로 골랐다. 그리고, 낚시터를 가는 길목에 있는 명승지 · 사적지 · 약수터 · 온천장과 지방 향토 먹을거리도 골라 담았다.

먹을거리 맛있는 집은 지방의 맛을 찾아 적었으며, 낚시 친구인 소설가 백파 홍성유 선생의 「맛있는 음식점 999점」에서 추천해준 곳을 받아 실었다.

지면이 허락되면 좀 더 많은 곳을 담았으면 하는 아쉬움이 있으나 다음에 보완해 나가도록 하겠다.

끝으로 어려운 출판계의 사정에서도 책을 정성껏 만들어 주신 수문출판사 이수용 사장님과 편집부 여러분에게 깊은 감사를 드린다.

1998. 5.

송 소 석

차 례

맛, 멋의 전라지방

개성 강한 경상지방

가나다순

개군지(향리지)

소재지 : 경기도 양평군 개군면 향리
수면적 : 4만 6천평

국내 최대 어종 낚아 화제

1943년도에 축조했으므로 50년이 넘는 고지다. 1960~1970년대에 월척 낚시터로 명성을 떨쳤으나 하상이 높아져서 조황이 예전 같지가 않다.

유료낚시터로 관리되기 시작한지도 10년이 넘었으며, 유료낚시터 개장 초기 자원으로 조성한 떡붕어가 많이 번식하여 1987년경 떡붕어 월척이 한 주 동안에 1천여마리가 낚이는 이변도 보여주었다. 1994년도 준설공사로 15톤 트럭 2만4천대분을 실어내 상류 수초밭쪽을 완전히 걷어올렸다.

관리실에서 낚시터 오염과 낚시 질서를 어지럽히는 낚시꾼은 낚시를 하지 못하게 하여 낚시터가 한결 깨끗해졌다.

어종은 붕어, 떡붕어, 잉어가 주종이다. 1993년 7월 17일 밤낚시에 서울 신천낚시회원 김진철씨가 재래종 메기 82.5cm(1994년 1월 현재 월간 낚시춘추 집계 국내기록)를 낚아 화제를 모으기도 했다.

식사는 관리실(전화 ; 0338-72-8681)에서 맡아준다.

■ 교통

양평읍내 기점 여주행 ㊲번 국도로 약 10km지점이 개군면 소재지다. 거기서 하지포교를 건너지않고 좌측에 있는 삼거리에서 포장길 따라 좌회전하여 약 2.5km를 들어가면 개군지다.

■ 명소

ㅁ양평 용문사와 계곡

용문사는 용문산(1,157m) 중턱에 있는 명찰로 용문산과 용문사 계곡과 어울려 울창한 숲, 아름다운 계곡 그리고 우리나라 최고(最古) 최대의 은행나무 등으로 명성을 떨치고 있다.

용문사는 신라 선덕여왕 3년(634년)에 원효대사가 창건했고 여러 차례 중수되었다. 특히 용문사에 있는 천연기념물 제30호로 지정된 은행나무는 마의태자가 망국의 슬픔을 안고 금강산으로 가는 길에 심었다는 전설을 간직하고 있다.(공손수·公孫樹：높이 61m, 둘레 14m)

용문사 계곡과 조계곡, 용계곡은 맑고 찰 뿐 아니라 가물어도 물줄기가 끊어지지 않으며 짙은 녹음, 아름다운 경관 등 최상의 피서지로 꼽는 곳이다.

숙식은 용문사 주차장 일대에 대단위 관광단지가 조성되어 여관, 식당, 위락시설이 많이 들어서 있다.

■ 별미

ㅁ 황해식당

소재지 : 경기 양평군 옥천면 옥천리

전　화 : 0338-72-5029 (주인 김순덕)

양평 옥천냉면으로 더 잘 알려진 30년 전통의 냉면집이다. 양평읍내로 들어가기 전 4km 못가서 위치해 있는 옥천리에 있다.

수곡지(어은 저수지)

소재지 : 경기도 양평군 지제면 수곡리
수면적 : 1만 8천 7백평(6.2ha)

한 사람이 월척 50여 수도 낚아

일제시대인 1943년에 만들어진 오래된 저수지이지만 저수지에 들어서면 경관이 수려하고 물이 맑고 깨끗해서 50년 고지(古池)의 느낌이 전혀 들지 않는다.

수곡지는 규모는 작아도 서북쪽으로는 주읍산(583m), 동쪽으로 칠보산(256m) 등으로 둘러싸여 있어서 아늑함을 주고 수원도 풍부해서 저수지로서는 더할 나위없는 좋은 낚시터다.

그러나 물이 너무 맑고 차서 낚시하는데에는 그리 좋은 여건은 아니다. 특히 해발 1백m에 저수지가 만들어져서 붕어 산란기가 5월초에 이루어지고 10월초가 되면 입질이 둔해지는 단점도 있다. 그래서 계절과 수온에 적응 잘 하는 어종을 다양하게 방류하고 있다.

즉 어종은 재래종 붕어, 잉어, 떡붕어, 양식 잉어, 향어, 미국메기(캣피쉬) 그리고 송어를 방류하고 있다. 수온이 떨어지면 송어를 낚을 수 있으며 제방에서는 루어낚시를 할 수 있게 했다.

떡붕어의 산란기에는 상류 1.5~2m 수심에서 월척급이 마리수로 낚여 1994년 산란기에는 한 사람이 50여수의 월척을 낚아내기도 했다.

5월 초에 상류 수초밭에서는 재래종 붕어 준척·월척급이 낚이고 제방 좌측 중·상류쪽에서는 향어가 많이 낚인다. 건너편 산 밑도 수위에 따라 중·상류와 중류에 앉으면 된다.

낚시터에 관리실(전화 ; 0338-73-6936, 72-9688)과 식당이 있고 좌대와 방갈로 등 요소요소에 시설이 있다.

■ 교통
양평을 기점으로 우측 여주행 ⑰번 국도를 타고 약 9km를 남진하면 개

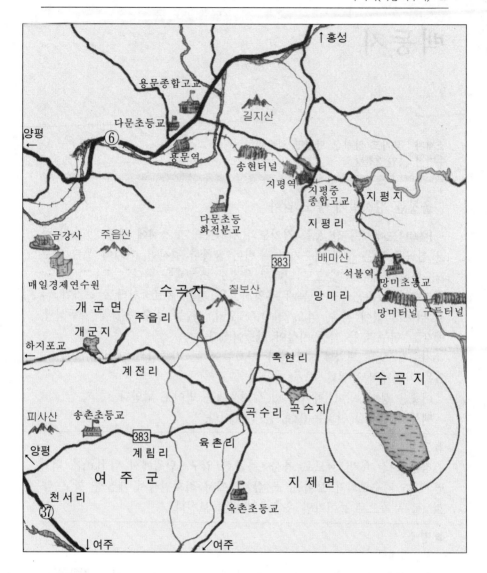

군면으로 들어서기 직전 다리(하지포교)가 있다. 다리를 건너지않고 좌측
길로 좌회전 약 2km를 들어가면 개군지 제방이 보인다. 제방 못가서 우
회전 개군지 우측을 끼고 약 2.5km를 가면 작은 삼거리와 만난다. 거기서
수곡시 안내 푯말을 확인하고 좌회전 2km를 들어가면 수곡지가 나온다.
   이웃에 개군지(향리지)와 곡수지(대평지) 등이 있다.

백동지

소재지 : 경기도 양평군 단월면 덕수리
수면적 : 1만 2천평

울창한 원시림에 물도 맑아

1990년도에 용문산 동쪽 경기도와 강원도의 도경계에 해발 2백m의 산간 협곡을 막은 신생 저수지다. 주변이 울창한 원시림, 거기에 물도 맑고 깨끗한데다 푸른색 숲으로 인해서 물빛도 초록색을 띤다.

저수지가 준공되고 이듬해 휴양시설을 갖춘 유료낚시터로 허가가 나서 낚시터 옆에 사슴, 염소, 칠면조, 오리, 꿩 등 조수 농장에 가든식당, 방갈로, 원두막 등 각종 시설이 만들어졌다.

저수지 상류 계곡에는 그늘과 가재잡이 등 가족단위 피서를 즐길 수 있는 자연계곡도 있다.

어종은 붕어, 잉어, 향어가 있고 겨울에는 빙어도 낚인다.

백동지 관리실 전화는 0338-72-7750이다.

■교통

양평 지점 ⑥번 국도로 용문~용문산 입구~단월에서 약 1km를 더가면 있는 덕수교회가 보이는 곳 삼거리에서 좌회전해서 개울을 끼고 약 2km를 북쪽으로 들어가면 우측에 제방이 보인다.

■명소

□중원계곡

용문사로 들어서는 은행나무 가로수길을 따라 1.9km 가서 덕촌리의 덕촌교를 지나 우회전해 3km 남짓 들어가면 중원리이고, 이곳에서 6km 정도만 가면 된다. 차량 접근이 쉽고 계곡물이나 주변이 좋아 가족단위나 드라이브 코스로도 좋다.

□용문산 도립공원

높고 준수한 산세, 깊고 그윽한 골짜기가 기암괴석과 어우러져 절경을

펼친 곳 — 용문산. 마의 태자가 망국의 슬픔을 안고 금강산으로 가다 심었다는, 전국에서 가장 큰 은행나무로도 유명한 이곳은 가족단위의 당일 코스로 적격이다. 특히 용문사에서 1시간 거리에 있는 상원암은 주변의 산세와 어울려 여름엔 피서지로, 가을엔 단풍놀이로 제격이다.

지평지(월산 저수지)

소재지 : 경기도 양평군 지제면 지평리
수면적 : 3만평(10ha)

저수온에 강한 어종

1968년도에 저수지가 만들어지고 1972년경부터 호황을 보여주기 시작했다. 당시 월척급 대어는 별로 없었지만 중치급이 힘좋게 마리수로 끌려나왔다.

의외로 호황이 계속되고 서울에서 매주 많은 인원이 찾게되자 지평면에서는 지역사회 개발이라는 명목으로 잉어와 치어를 방류하고 유료낚시터 허가를 내주었다.

그러나 5,6년이 경과하면서부터 조황이 부진해졌다. 이유는 지평지가 120m의 고지대에 들어앉아 있어서 물이 차고 맑아 기대했던 만큼의 번식이 이루어지지 않았기 때문이다.

그후 낚시터가 침체를 거듭하다가 1993년경부터 향어 등 저수온에 강한 어종이 낚시터에 방류되면서 다시 활기를 찾았으나 붕어와 잉어는 예전처럼 낚이지 않는다.

포인트는 제방 좌측에서부터 상류로 이어지는 도로변과 제방 우측 상류권이 주 포인트다.

■ 교통

양평지점 ⑥번 국도로 홍천 방향 11km 지점의 용문까지 간 다음 용문에서 중앙선 철길과 병행하는 331번 도로로 우회전해서 화전교를 건너 4km 정도 들어가면 지평이다. 지평에서 철길따라 언덕길로 1km를 동진하면 지평지 제방이 보인다.

또는 양평과 용문에서 지평리행 버스로 지평에서 내려 15분 정도 걷는다.

용문사
신점리
중원계곡
용문사계곡 331
조현리 망능리
덕수리 328
단월중교
괘일산 파출소 단월초등교
홍천
오촌리
조현초등교
보룡리
용문면
331
덕촌리
봉상리 ⑥ 흑천
연수리
용
328
마룡리
문 세심정
용문초등교
삼가리
세심
연수천
용문종합고교
금곡리
383
보익광산
다문초등교
다문리
갈지산
송현리
월산리
양평
용문역
331
봉미산
삼성리
송현터널
지평중고교
지평지
다문초등교화전분교
무왕리
석불역
주읍산
화전리
배미산
구둔터널
망미리
주읍리
칠보산
383
망미터널 331
어은저수지
(수곡지)
옥현리
양평컨트리클럽
지제면
계전리
수곡리
대평리
곡수초등교 곡수리 대평저수지
일신리
옥녀봉
383
유촌리
이포대교 계림리
송촌리
도롱리 여주↓
경농사 우두산
상교리 주암초등교
옥천초등교
↓여주

보통리지

소재지 : 경기도 화성군 정남면 보통리
수면적 : 14만 5천평

최초의 초어 낚시터가 잉어로

1965년도에 만들어진 보통리지(普通里池)는 수원근교 용주사와 주말농장과 함께 주말관광, 휴식 낚시터로 각광을 받아왔다. 특히 저수지 동쪽 호반유원지에는 주말이면 가족, 연인들의 산책지로 인기가 높은 곳이다.

보통리지는 1970년대 대형 초어가 낚였던 곳으로 국내 최초의 초어낚시터였다. 지금은 초어가 없어졌으며 유료낚시터로 관리되고 있어 잉어가 계속 보충되고 있다. 어종은 재래종 붕어, 떡붕어, 잉어, 블루길 등이다.

제방 좌측 하류권에 약간 후미진 곳을 제외하고는 대체로 굴곡이 없이 직사각형을 이루고 있어서 크게 내세울만한 포인트는 없다. 대체로 수심이 밋밋해서 봄에는 상류 수초밭으로 몰리고, 밤낚시는 건너편 산쪽으로 앉는다.

낚시터가 유원지화되어서 주변에 휴게소와 여관, 식당 등이 많다.

■ 교통

수원시내를 관통하는 ①번 국도로 남문을 통해 약 8km를 남진하면 태안읍 소재지인 병점역에 이른다. 병점역 북쪽 건널목을 건너(우회전) 약 2km를 서진하면 안녕리 삼거리이다. 용주사 입구이기도 한 삼거리에서 수원전문대학쪽으로 가다가 주말농장을 끼고 좌회전하면 보통리지다.

■ 명소

□ 용주사와 융건릉

수원시 남쪽 경부선 병점역에서 서쪽으로 4km 떨어진 도로변에 위치한 용주사는 조선조 정조 14년에 세워진 사찰이다. 원래는 신라 문성왕 때 이 곳에 갈양사를 세웠으나 화재로 소실된 것을 정조가 부친 사도세자의 능

을 양주 배봉산에서 이장해오면서 부친의 명복을 위해 중건하였다. 이곳에
서 1.7km 떨어진 곳에 있는 융건릉에는 사도세자와 그의 비인 경의왕후의
능인 융릉과 정조와 그의 비 효의왕후의 건릉이 아담하게 자리잡고 있다.
　　주변에 소나무와 잔나무가 우거져있어 산책길로 좋으며 근처에 주말
농장이 있어 가족단위 방문으로도 인기가 높다.

발안지(돌담거리지)

소재지 : 경기도 화성군 봉담면 덕우리
수면적 : 33만1천평

기천지를 거느리고 있어 물이 마르지 않아

광복후인 1957년도에 만들어져 낚시계에서는 돌담거리지로 더 많이 알려져 있다. 제방 우측 상류에 있는 학교마을이 돌담거리다.

저수지가 40년 세월이 흘렀지만 주변이 깨끗하고 물이 맑다. 그래서 옛날부터 붕어의 힘이 좋고 피라미도 많은 곳으로 알려져 있다.

발안지는 북쪽에 건달산, 태행산, 삼봉산 등 산맥이 이어져 있어서 수원은 좋은 편이지만 발안 일대에 넓은 몽리면적 때문에 저수지가 쉽게 바닥을 드러냈었다. 그래서 발안지(發安池) 상류 약2km 지점에 기천지를 막아 발안지의 물이 줄어들면 기천지의 물이 흘러들게 했다. 그래서 예전에는 가뭄을 탔던 발안지가 가뭄에 견디게 되었고 붕어도 대어가 많이 낚이게 되었다. 1994년도에 둑을 높여 18만평이 33만평으로 늘어났다.

발안지의 어종은 붕어, 떡붕어, 잉어가 주종이며 근년에 떡붕어가 번식해서, 월척이 낚이면 대형 떡붕어다.

넓적한 접시모양을 하고 있는 발안지의 포인트는 제방우측권이며 좌측권은 가파른 산으로 되어 있다.

제방우측 상류권의 수초밭은 가뭄 뒤 비가 내려서 수위가 높아질 때 발안지의 붕어가 수초밭에 모두 집합하게 된다. 이곳에 집중적으로 좌대가 놓여져 있다.

관리실(전화 ; 0331-294-9116)에서 식사도 맡아주고 관리실 주변에 식당도 많다.

■교통

수원역전 지하도를 기점 발안행 ㊸번 국도를 따라 발안지까지 약 14km 거리다.

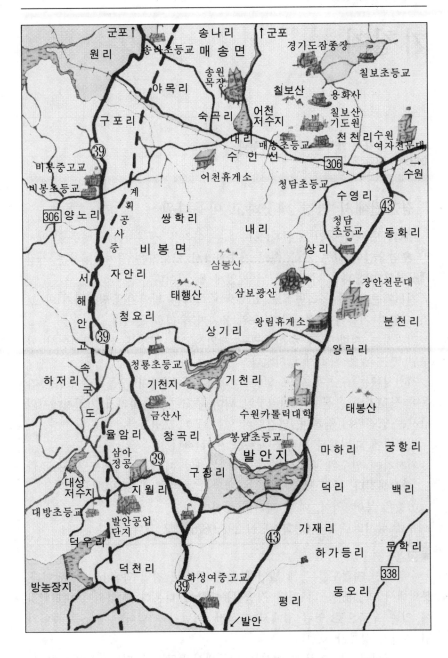

기천지

소재지 : 경기도 화성군 봉담면 기천리
수면적 : 12만 8천평

경기권에서 가장 깨끗하고 아름다워

1984년도 만들어진 기천지(箕川池)는 아직은 신생지이기 때문도 있지만 오염요인이 없는 계곡 속의 저수지라서 당분간은 경기권에서는 가장 깨끗하고 아름다운 낚시터로 남아 있게 될 것이다.

기천지는 자체 몽리면적도 있지만 주목적은 발안지(돌담거리지)의 보조 수원지 기능이 우선이라서 수위 유지가 유리한 곳이다.

기천지는 제방 우측 중상류권을 제외하고는 대부분 산비탈이어서 만수위 때는 앉을 자리가 많지않다.

기천지에는 수초가 거의 없는 상태이지만 계곡이 수몰되면서 수몰잡목이 물고기의 은신처와 산란장이 되어 주고 있다. 따라서 기천지에서의 낚시는 밑걸림이 심하며, 밑걸림이 있는 곳이 포인트다.

밑걸림에 대비해서 외바늘 채비를 써야 한다.

기천지는 만수위 때보다는 중수위 이하일 때 앉을 자리도 많고 조황도 확실해진다. 물론 낮낚시보다는 밤낚시 쪽이 훨씬 유리하다.

어종은 붕어, 잉어, 메기, 피라미 등이다.

유료 낚시터로 관리(전화 ; 0339-292-0676)되고 있다.

■ 교통

수원역전 지하도를 통해 발안행 ㊸번 국도로 진입 약 8km가 봉담이다. 봉담에서 약 2km를 더 가면 장안전문대학이 나온다. 지나쳐서 내리막길에 있는 우측으로 열린 길에서 우회전, 비탈길을 넘어서 2km쯤 들어가면 기천지 상류가 보인다.

국도길에서 기천지로 들어서는 길목에서 2.5km를 더 가 남진하면 ㊸번 국도변에 발안지(돌담거리지)가 있다.

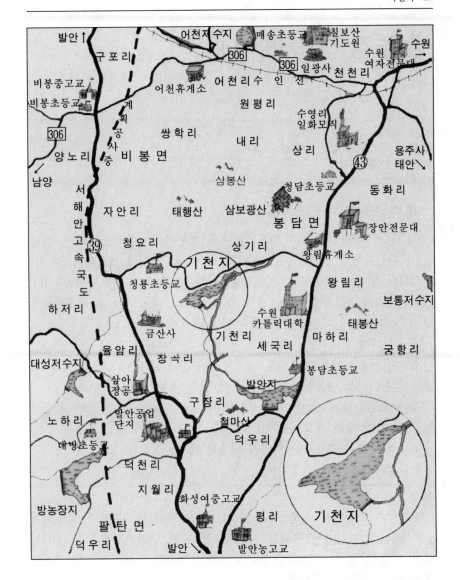

방농장지(동방지)

소재지 : 경기도 화성군 팔탄면 노하리
수면적 : 18만 6천평

바다 냄새가 코 끝에 남아

1937년경 동방간척지가 만들어지면서 방농장지(方農場池·원명 동방지)가 만들어졌다. 방농장지는 바다와 가까워서 바닥이 갯벌이며 50여년 누적되어 수심도 얕아졌고 수초(말풀, 갈대, 줄풀 등)가 많이 깔려 있다. 1960년대에서 1970년대 사이 많은 양의 붕어와 대형 잉어를 배출했었는데 6월~9월 사이는 말풀이 꽉 들어차서 낚시가 어려웠다.

지금은 유료낚시터로 관리되고 있어서 수상좌대가 있고 요소요소의 수초밭이 제거되어서 여름에도 낚시가 가능하다. 그러나 수초가 썩고 바닥이 감탕이라서 여름보다는 봄 가을이 훨씬 조황이 좋다.

평균 수심은 1m~2m, 미끼는 지렁이나 떡밥 모두 잘 먹는다. 포인트는 건너편 산 밑에 많고 봄 가을에는 좌·우측 상류에 앉으면 된다.

방농장지 북쪽 2km에는 여건이 비슷한 대성농장지가 있다.

관리실에서 식사가 가능하다.

■ 교통

수원역전 지하도를 기준 ㊸번 국도로 일단 발안지까지 간다. 발안지가 있는 덕리 삼거리에서 우회전 약 2.5km를 가면 팔탄면소재지다. 거기서 북서 방향 남양행 포장길로 접어들어 약 2.5km를 들어가면 방농장지로 들어가는 삼거리가 나온다.

좌회전하면 방농장지길이고 우회전하면 남양행이다. 방농장은 갈림길 삼거리에서 약 3km를 들어가면 된다.

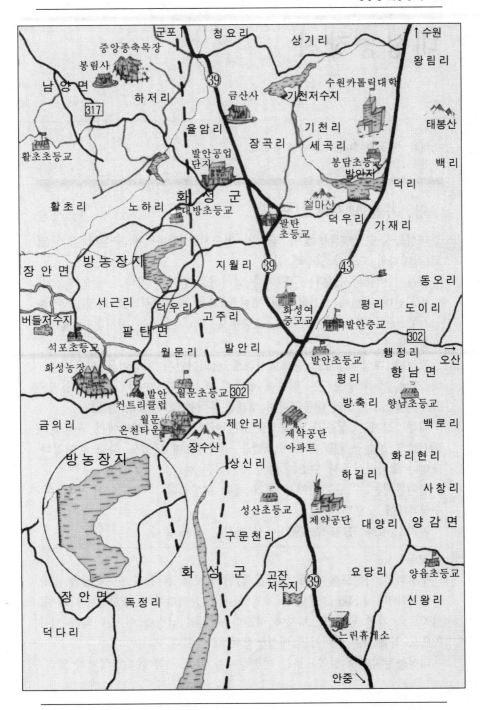

대성농장지

소재지 : 경기도 화성군 팔탄면 율암리
수면적 : 3만평

봄, 가을 낚시터로 인기

대성농장지(大成農場池)는 간척지 저수지라 뻘바닥에 수심이 깊지 않고 갈대따위 수초가 밀생해 있다.

그래서 여름낚시보다는 봄, 가을 낚시터로 인기가 있다.

1970년대 후반에서 1980년대 초반 늦가을 월척낚시터로 대성농장지를 능가할 곳이 없을 정도였으며, 요즘에도 봄·가을에는 어김없이 월척을 배출한다.

그러나 대성농장지도 유료낚시터로 관리되면서 떡붕어를 방류했었는데 지금은 재래종보다는 떡붕어 월척이 더 많이 낚인다. 떡붕어 월척은 37cm~40cm 이상의 대물급이며 재래종 붕어는 30~32cm 정도다.

대성농장지는 상류가 두곳으로 나뉘어져 있는데 제방에서 우측권은 1992년경 준설공사를 해서 수초밭을 걷어냈으며 수심도 다소 깊어졌다. 그러나 뻘바닥이라서 수초는 다시 생겨나곤 한다.

한여름에는 수초를 비켜서 여러 개의 수상좌대가 떠 있어서 밤낚시는 수상좌대에 오르면 된다.

관리소(전화 ; 0339-52-7935)에서 식사도 맡아 준다.

■ 교통

수원역전 지하도를 통해 발안행 ㊸번 국도를 탄다. 수원~봉담을 경유 발안지까지 약 14km. 발안지 제방쪽 덕리 삼거리에서 우회전 약 3km를 서쪽으로 가면 팔탄면소재지에 이른다. 거기서 남양행 이정표 따라 서북쪽으로 약 4km를 들어가면 대성농장지 앞이 된다.

대성농장지에서 남쪽으로는 방농장지가 있고 서쪽에는 안석지가 있다.

■ **명소**

□ 당성

시적 제271호, 중국과 무역했던 곳으로서 남양반도의 서신·송신·마도면의 3개 면이 경계를 이루는 구봉산의 기슭에 있는 성으로 이곳에서는 서해안의 섬들을 한 눈에 볼 수 있으며 성 내에는 신흥사가 있다.

산척지

소재지 : 경기도 화성군 동탄면 산척리
수면적 : 3만 6천평(12ha)

재래종 붕어와 잉어가 주어종

1945년도에 만들어진 50여년 지령의 아담한 저수지다. 예전에는 몽리면적이 넓어서 가뭄에 자주 저수지 바닥을 드러냈으나 농지가 축소되면서 저수지 수위 변동이 심하지않게 되었다.

10년전부터 일반 유료낚시터로 관리되고 있어서 매년 붕어를 사다넣고 있는데 관리인이 고집스러워서 떡붕어는 방류하지 않고 있다.

주어종은 재래종 붕어와 잉어이고 잉어는 70,80cm 급의 대형도 많다. 붕어는 10cm에서 월척까지 다양하며 초봄에 굵게 낚이다가 배수기에는 잘아지고 밤낚시에는 굵게 낚인다. 잉어는 가을에 많이 낚인다. 수원은 좋은 편이며 축사에서 오물이 흘러들어 한 때 수질 오염 현상이 있었으나 근년에는 많이 개선되었다.

관리실(전화 ; 0339-374-6022)에서 식사를 맡아주며 주변 민가에서 민박도 가능하다.

이웃에 중리지, 장지지가 있다.

■교통

오산시내에서 산척리로 들어가는 마을버스가 매시간 있다. 승용차는 경부고속도로 기흥IC를 벗어나 393번 지방도로로 동탄(면소재지)까지 5km이다. 동탄에서 약 2km를 더가면 좌측에 고속도로 밑을 통과하는 시멘트 포장길이 있다. 거기서 낚시터 입구 푯말을 확인 좌회전, 1km를 들어가면 산척지다.

오산시내에서는 오산대교에서 용인행으로 1km지점 동탄행 삼거리에서 좌회전 오동교를 건너 통탄쪽으로 393번 지방도로를 북향하여 1km쯤 가면 우측 고속도로 밑을 통과하는 시멘트 포장길로 들어서면 된다.

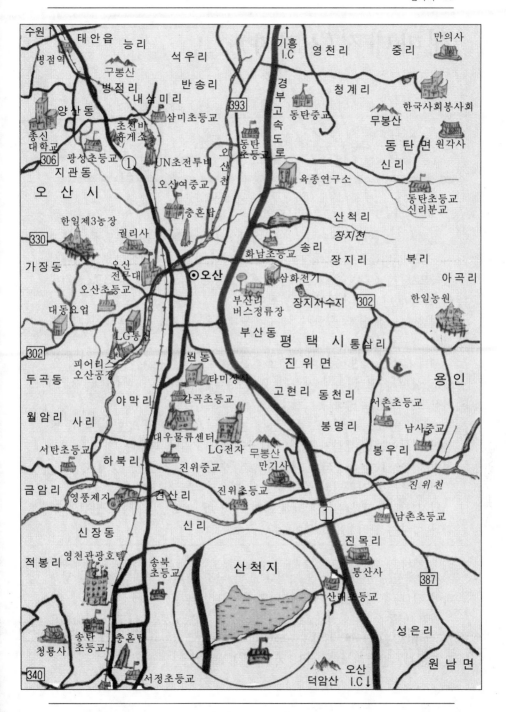

세마대지(서랑지)

소재지 : 경기도 화성군 오산시 서랑리
수면적 : 4만 2천평(14ha)

숲속의 수심 깊은 저수지

일제시대 때 농업용수지로 만들어졌으나 노후해서 1954년도에 증축해서 규모에 비해 수심이 깊은 저수지다. 저수지가 세마대산성을 위시해서 남쪽으로는 노적봉, 동쪽으로는 여계산 등 높지 않으면서 숲으로 둘러싸여 있어서 비교적 수원이 좋은 편이다.

예전에는 장마 때 황구지천의 강고기가 올라오기도 했으나, 지금은 옛말로 황구지천의 오염이 심각하다.

세마대지는 주변 환경이 도시화되는 데에 비해서는 물이 오염되지 않았고 물이 차고 맑아서 새우가 많이 서식한다. 새우가 서식하면 2급수 이상으로 봐도 무방하다.

유료낚시터로 관리되고 있으면서 재래종 토종붕어와 잉어만 있고 떡붕어와 향어는 방류하지 않겠다고 관리인이 고집을 피운다. 향어를 방류하면 어분사료가 사용되기 때문에 쉽게 수질이 오염된다는 것이다.

적기는 초봄 산란기와 물을 빼고난 다음의 밤낚시다.

낚시터에 수상좌대, 접지좌대 등이 여러 개 놓여 있고 적은 인원의 민박과 식사는 관리실에서 맡아준다.

■ 교통

서울에서는 수원 남문을 벗어나 ①번 국도로 태안(병점역전)까지 남하하여 간 다음 약 2km를 더 가면 세교동 사거리다.

거기 영동장 여관 옆으로 우회전, 306번 지방도로를 타고 세마대쪽으로 3km를 들어가면 세마대주차장이 나온다. 주차장에서 시멘트 포장길로 1km를 더 들어서면 세마대지 상류가 나온다.

■ 명소

□ 세마대와 독산성

1592년 임진왜란 때 왜장 가등청정(加藤淸正)이 여기 산성에 포진하고 있는 권율장군 군사를 포위하고 식수가 떨어지기를 기다렸다.

권율장군은 어느날 새벽 말 10필을 세워놓고, 마치 말을 씻기는 것처럼 흰쌀을 말 등에 부었다. 이 광경을 본 왜병들은 권율장군 산성에 물이 많다고 판단, 포위망을 풀고 물러났다는 것이다. 이러한 장군의 기지로 2만 군사를 구한 것이다. 그래서 이곳을 세마대(洗馬臺)로 부르게 되었다고 한다.

사적 제104호인 세마대는 정면 3칸, 측면 2칸의 단층건물로 주변에 송림이 우거져 있는 쾌적한 곳이다.

독산성은 현재 석성 400m만 남아 세마대를 감싸고 있는데 산책길로 제격이며, 더욱이 화성군 일대를 한 눈에 볼 수 있는 낭만적인 곳이다. 그리고 세마대 바로 아래에는 삼국시대에 독산성을 축조한 후 전승을 기원하기 위해 창건한 절로서 세마사가 있다.

남양호

소재지 : 경기도 화성군 장안면 · 평택군 포승면
수면적 : 2백 28만평(752ha)

방조제로 생긴 담수호

남양호(南陽湖)는 이웃에 있는 아산호와 함께 1973년 12월에 준공을 했다. 화성군 장안면 이화리와 평택군 포승면 원정리 사이에 2.6km의 방조제가 막아지면서 예전 육지로 깊숙이 후미져 들어왔던 해수로가 담수호로 바뀌어 농업용수지로 사용하게 되었고, 방조제는 서해안을 잇는 주요 도로가 되었다.

방조제에서 최상류 화성군 장안면 수촌리까지 직선거리로 약 13.5km가 되며 좁고 길게 직선으로 뻗어 있다.

지류는 화성군쪽으로 하류에 이화리수로, 대교수로, 장안양수장이 있고, 평택군쪽은 홍원리수로와 조그마한 도곡수로(하류)와 고잔수로(상류)가 있을뿐이다.

남양호는 지류를 제외하고는 하류에서 상류까지 호안석축(콘크리트 블럭조립)이 시설되어 있어서 낚시를 할 수 있는 자리가 없고 또 오후만 되면 아산만에서 해풍이 불어닥쳐 낚시가 어렵다. 그래서 남양호의 낚시는 보트낚시, 수로낚시 그리고 겨울 얼음낚시터만 가능하다.

수로(이화리, 대교, 장안양수장, 홍원리) 수심이 얕고 갈대, 줄풀 등이 밀생해서 봄·가을·초겨울에만 낚시를 할 수 있다.

□ 이화리 수로

방조제와 맞닿은 굴곡수로이며 길이는 약 1km. 갈대와 줄풀숲이 이어져서 낚시 장소가 많지않다. 겨울 결빙후에는 1m 전후의 얕은 수심에서 얼음낚시가 되며 잔챙이에서 월척까지 가능하다. 1993년부터는 빙어가 많이 낚인다. 봄·가을에는 1인용 낚싯배(약 10척)를 이화리 수로 낚시인집 (전화 ; 0339-58-3359)에서 빌릴 수 있다.

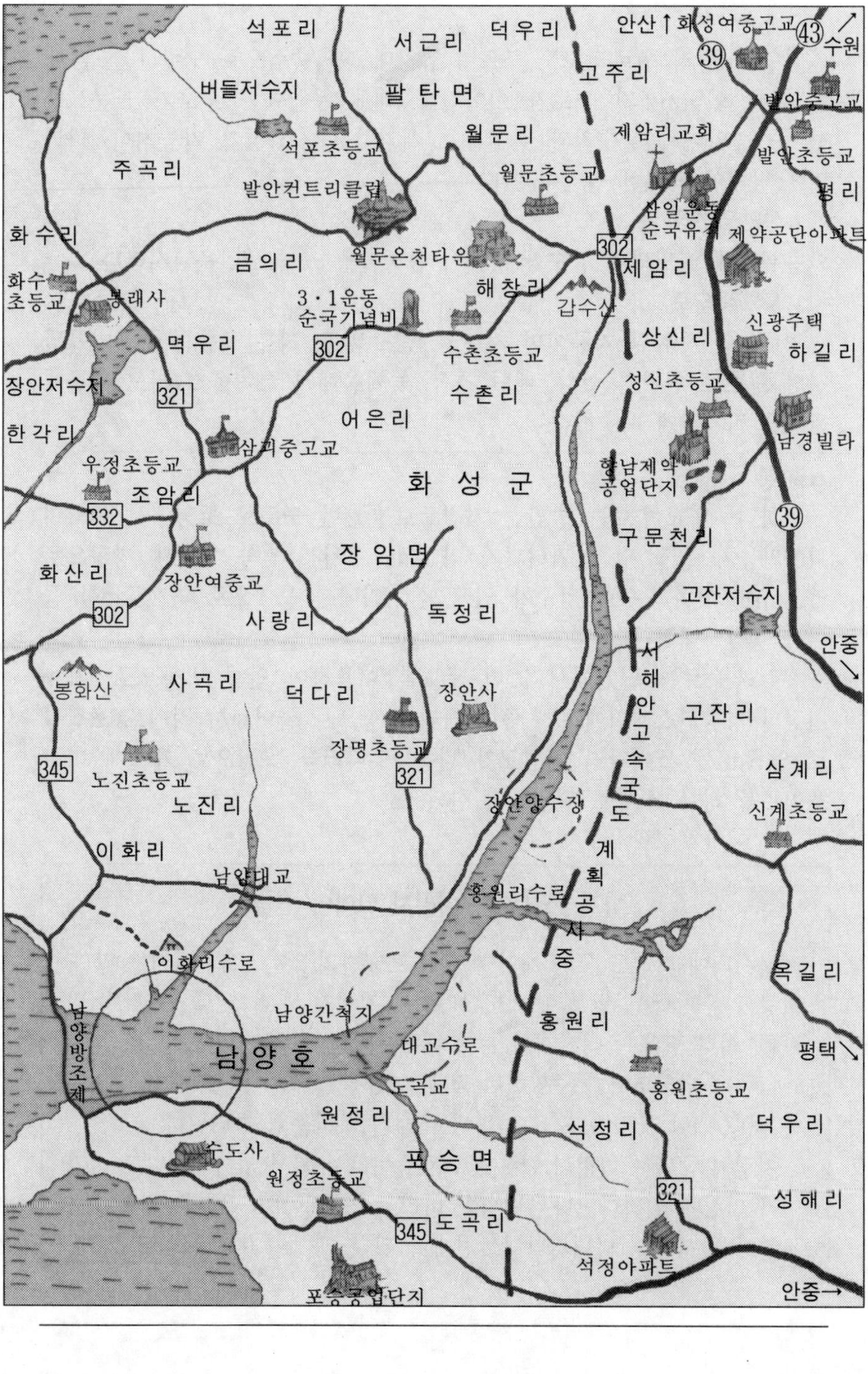

석포리
서근리
덕우리
안산↑화성여중고교
43
수원
39
고주리
버들저수지
팔탄면
발안중고교
월문리
제암리교회
석포초등교
발안초등교
주곡리
월문초등교
평리
발안컨트리클럽
삼일운동 순국유적
제약공단아파트
화수리
302
금의리
월문온천타운
제암리
화수 초등교
봉래사
3·1운동 순국기념비
해창리
갑수산
신광주택
상신리
302
하길리
멱우리
수촌초등교
장안저수지
321
성신초등교
수촌리
어은리
한각리
삼괴중고교
남경빌라
우정초등교
향남제약 공업단지
화성군
조암리
332
39
구문천리
장암면
화산리
장안여중교
고잔저수지
302
사랑리
독정리
안중↘
서해안고속국도계획공사중
봉화산
사곡리
덕다리
장안사
고잔리
장명초등교
321
345
노진초등교
삼계리
장안양수장
노진리
신계초등교
이화리
남양대교
홍원리수로
이화리수로
옥길리
남양간척지
남양방조제
홍원리
대교수로
평택↘
남양호
도곡교
홍원초등교
원정리
석정리
덕우리
수도사
포승면
원정초등교
321
성해리
345
도곡리
석정아파트
포승공업단지
안중→

□ 대교 수로

일명 '노진리 수로'라고도 부르며 남양대교를 중심으로 수위가 높을 때는 상류 4,5km까지 수로가 이어진다. 대교 부근에는 수초가 드문드문 난 곳도 있어서 갈수기와 한여름을 제외하고는 낚시가 가능하다. 다리 밑에 낚시인을 위한 밥집이 있다.

□ 장안 양수장

중류권에 해당되며 양수장 부근이 봄·가을 그리고 얼음낚시터다.

□ 홍원리 수로

평택군쪽 중류권 지류이며 지류의 폭도 넓고, 지류 상류는 봄·가을낚시의 명소로 인기가 있다. 매년 초봄, 늦가을에서 초겨울 그리고 겨울에 월척을 적지않게 배출했다.

■ 교통

이화리~대교 수로는 발안을 기점으로 302번 도로로 조암에서 이화리 기아자동차 공장 앞 삼거리까지 약 7km. 거기서 남쪽 방조제 방향으로 약 1km에 이화리 수로 입구가 있고, 삼거리에서 동쪽으로 약 2.5km를 들어가면 남양대교다.

홍원리 수로는 발안에서 ㉟번 국도를 이용하여 안중 방향으로 11km 지점의 청북면소재지에서 우측 삼계리 방향으로 들어서서 시멘트 포장길로 약 5km를 들어가면 홍원교가 나온다. 다리를 중심으로 계절에 따라 포인트를 하류, 상류로 진입해야 한다.

낚시 쓰레기는 버리지 말아야 한다.

낚시터에 버리고 오는 개인별 낚시 쓰레기의 양은 그리 많지는 않다. 지렁이곽, 떡밥, 밑밥봉지, 케미칼라이트 건전지, 부탄개스통, 음료수 빈 깡통, 먹다 남은 음식찌꺼기 등이 대부분이다.

그런데 낚시터마다 주말이면 적게는 50명 많게는 2백, 3백명 (크지않은 저수지)이 모였다가 그 자리에 쓰레기를 놔둔채 가버린다.

지렁이를 담는 지렁이 곽은 스티로플이라서 썩어 없어지지않고 여기저기 바람에 밀려다닌다. 1백명이 버리고간 지렁이 곽은 평균 1백개, 1천명이 낚시터를 다녀간다면 1천개가 된다. 떡밥봉지와 케미칼라이트도 마찬가지 썩지않고 물밑에 가라앉거나 흙속에 묻혀 결국 토양층을 파괴한다. 한사람이 평균 두 개라면 1천명이면 2천개가 된다.

밧데리나 부탄개스통은 더욱 심한 중금속 공해를 유발한다. 라면이나 음식찌꺼기는 물에 씻겨 저수지 속으로 흘러들면 직접적으로 수질오염을 가속화 시킨다.

서울근교 유료낚시터에서는 관리인이 쓰레기를 수거하는데 평균 1주일에 한트럭분이 나온다고 한다.

이러한 쓰레기는 각자 비닐주머니에 담아서 집 쓰레기통이나 낚시터에서 멀리 떨어진 쓰레기통이나 소각장에 버리도록해야 한다.

저수지 주변에 공장이 있거나 축사가 있는곳은 공장폐수, 축사 분뇨가 저수지를 오염시키고 공장이나 축사가 없는 곳 저수지에는 낚시꾼들이 쓰레기를 마구 버려 오염시키고 있다. 앞으로 5년~10년 후에는 낚시를 할 수 있는 곳이 없어질 정도로 쓰레기 문제는 심각한 우려를 자아내고 있다.

내가 낚시터에 가서 불쾌감을 느끼게될 때 낚시를 하지 않는 현지사람들은 낚시꾼을 어떤 시각에서 보게 될것인가 한번쯤 자신을 돌아볼 필요가 있다.

얼마전 남양호에서 청소의 날 행사에 참가한 낚시단체의 장이 어깨에 '낚시터를 깨끗이 하자'는 띠를 걸치고, 비닐봉지 하나와 쓰레기 줍는 집게만 달랑 들고 낚시터를 한바퀴 돌았는데 임원들 역시 뒤를 따라 쓰레기는 줍지않고 낚시터를 한바퀴 돌기만 했다.

이런 사람들은 행사를 했다는 전시효과와 과시를 위한 행사를 치를 뿐이다. 바로 이런 사람들은 낚시터에서 행사를 하며 낚시터 정화를 하자고 떠들면서 정작 그들은 낚시를 가서 자기 쓰레기를 비닐봉지에 담아 가지고 오지 않는다.

우리들 낚시인은 형식이나 전시효과로 쓰레기청소를 할것이 아니라 자기가 버린 쓰레기는 자기가 되가져온다는 마음의 자세, 생활화가 반드시 이루어져야 한다.

버들못(석포지)

소재지 : 경기도 화성군 장안면 석포리
수면적 : 1만 4천평

정통 낚시인이 선호

1947년도에 만들어진 오래된 저수지 버들못(石浦池)은 규모는 작지만 붕어가 많이 있는 유명낚시터로 주로 떡밥낚시를 하는 정통낚시인들이 많이 찾는다.

낚시터 전면에 갈대와 줄풀이 깔려 있어서 봄·가을이 적기이고 여름에도 밤낚시에 씨알이 굵게 낚인다. 유료낚시터로 관리된지도 10년이 넘어서 그동안 붕어가 보충되고 잉어 치어가 꾸준히 방류되어 잉어도 굵게 낚인다.

봄·가을낚시에는 수초낚시를 해야 하고 여름 밤낚시에는 수상좌대(10여 대)에서 잘 낚인다.

예전에는 진입로가 비포장이어서 불편이 많았는데 시멘트포장이 되어서 진입하는데 어려움이 없고 마을에서 숙식도 가능하다.

■ 교통

수원역전에서 지하도로를 통해 ㊸번 국도로 발안까지 약 18km, 발안에서 조암행으로 302번 지방도로로 들어서서 약 3km를 달리면 매곡리 머리울 정미소에 이르고 우측으로 들어가는 시멘트 포장길이 있다. 거기서 우회전 약 4.5km를 들어가면 석포리다. 석포리초등학교 앞쪽으로 좌회전하면 버들못 상류에 이른다.

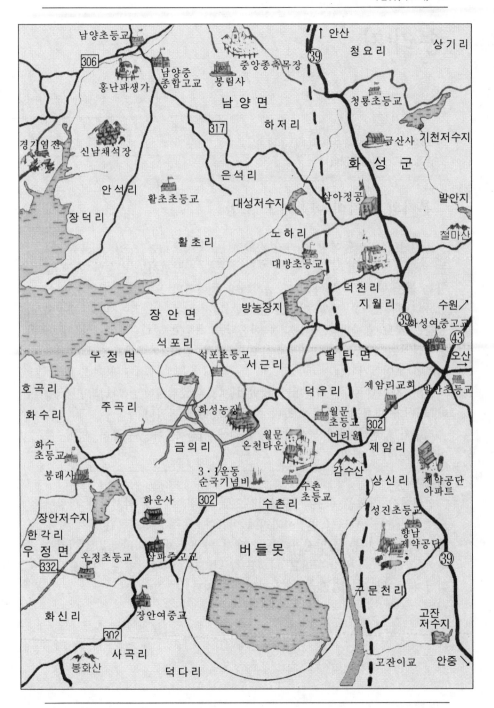

송라지

소재지 : 경기도 화성군 매송면 송라리
수면적 : 3만9천평(13ha)

분지의 녹지대 아름다운 호반

1973년도에 만들어진 송라지(松羅池)는 동쪽으로는 수원, 서북쪽으로는 반월공단 등 도시와 공장 군락을 이루고 있으면서도 깊숙한 야산 분지속 녹지대에 둘러싸여 있어 낚시터에 들어서면 도시와 동떨어진 곳에 있는 듯한 착각을 느낄 정도로 고요한 낚시터다. 수면적에 비해 제방이 높다는 것도 호반의 풍경을 더욱 아름답게 해주고 있다.

송라지는 계곡저수지라서 수심도 비교적 깊게 이루어져서 하류권만 피하면 포인트가 많다.

물이 찬 편이어서 피라미가 많았었는데 유료낚시터로 관리되면서 향어, 잉어가 방류되고부터 피라미 성화는 덜하게 되었다.

저수지 주변에 좌대가 설치되어 앉기에 편하다. 어종은 붕어, 잉어, 향어가 주종이고 메기도 있다.

■ 교통

안양에서 가까운 군포 사거리기점으로, ㊼번 국도로 남서방향 반월행으로 약 9km를 달리면 반월사거리에 이른다. 우측은 반월공단 좌측은 수원, 직진하면 비봉, 남양길이다. 직진해서 약 3km지점 내리막길 휘어지는 곳이 원리다. 거기서 원리교 다리를 건너기전 좌측에 있는 시멘트길로 꺾어져 들어서서 약 1.5km를 더 가면 송라지다.

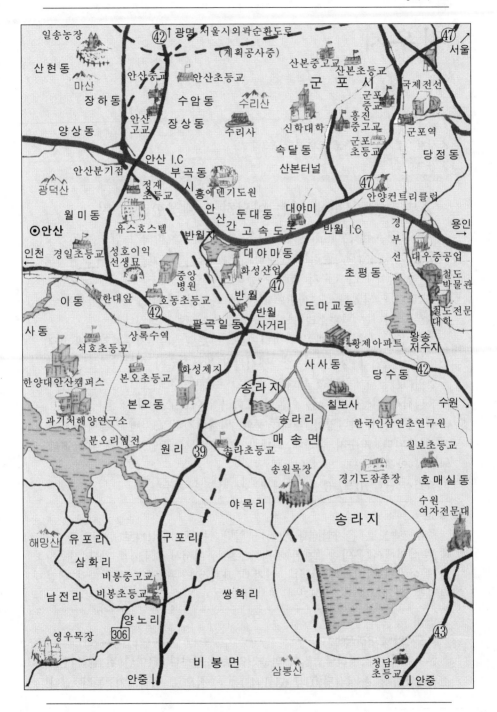

진우지

소재지 : 경기도 광주군 도척면 진우3리
수면적 : 1만3천평

중부고속도로변에 있는 아담하고 깨끗한 저수지

진우지(鎭牛池)는 1978년도에 깊은 산골 계곡을 막아서 만든 아담하고 깨끗한 저수지였다. 들리는 소리라고는 새소리뿐이었는데 중부고속도로가 산을 깎아내고 저수지 옆을 관통하는 바람에 저수지가 고속도로변으로 드러나게 되었다. 그 바람에 적막에 싸였던 진우지는 하루아침에 고속도로를 지나는 차량소리가 하루종일 끊이지 않게 되었다.

진우지는 원래 물속까지 들여다 보일 정도로 맑은 저수지였는데 1990년경부터 향어와 양식잉어, 양식메기까지 방류하면서 어분미끼를 사용해 수질이 많이 탁해졌다는 우려의 소리가 높았다. 저수지의 경관은 여전히 아름다워서 서울에서 찾는 이들이 오히려 늘어나고 있다.

어종은 향어, 양식잉어, 재래종 붕어, 양식메기의 순이며 가을에는 송어도 방류된다. 저수지 둘레에 좌대가 놓여있어서 포인트의 우열이 적다. 관리실 앞쪽에 가장 많이 앉는다.

관리실(전화 ; 0347-62-7913)에서는 식사도 맡아준다.

■ 교통

중부고속도로 곤지암IC를 벗어나 일단 곤지암 중심지로 들어선다. 시내 중심지에서 용인행 329번 지방도로로 들어서서 3.5km쯤 가면 진우지로 들어가는 삼거리와 만난다. 거기서 좌회전 중부고속도로를 따라 시멘트길로 약 2km를 더 들어가면 진우지 좌측이 된다.

■ 별미

□ 곤지암 소머리국밥

곤지암에는 소머리국밥집이 먹을거리로 유명하다. 터미널 뒤 골목 안에 소머리국밥집 동서식당(0347-63-1949)을 중심으로 여러채가 둘러 있다.

이곳 동서식당은 KBS의 맛자랑에 방영되었고 소설가 백파 홍성유(洪性裕)씨의 「맛있는 음식점」에도 소개된바 있다. 끼니 때가 되면 자리가 모자랄 정도로 서울과 지방에서 모여든다.

이집 소머리국밥은 사골로 우려낸 구수한 국물에 소머리고기를 푸짐하게 얹어주어 인기를 끌고 있다.

백학지

소재지 : 경기도 연천군 백학면 두일리
수면적 : 7만평(23.3ha)

태공 2천 여명이 하루에 몰리기도

1969년도에 제방이 높여지면서 수면적 7만평으로 늘어났다. 백학지는 민통선 안에 위치해 있어서 붕어가 무진장 많다는 소문에 낚시계가 흥분했던 저수지였다.

이 백학지가 1989년 6월 1일부터 민통선 일부가 북상 조정 조치되면서 민간인에게 개방되었는데, 개방됐다는 보도에 전국에서 모여든 낚시꾼이 하루 2천여명으로 하루 아침에 백학지는 아수라장이 되었다. 결국 마을 주민과의 마찰, 진정으로 낚시터 출입이 다시 통제되었다가 이듬해인 1990년경부터 유료낚시터로 관리되기 시작했다.

붕어 씨알은 평균 15~16cm, 낚시인들의 발길이 멀어지자 향어낚시터로 전환되었다.

겨울에는 얼음낚시가 가능한 곳인데 얼음낚시에도 기대했던 만큼의 호황을 거두지 못했다.

백학지는 임진강을 건너서 낚시터까지 가는 여정에서 눈에 띄이는 개성, 평양 등 이정표가 분단의 아픔을 자아내어 가족을 동반한 드라이브 낚시터로 최적지다.

이곳 백학지는 장마 직후가 적기이며 물이 흐리면 지렁이 미끼에 메기가 많이 낚인다.

낚시터옆 가겟집(전화 ; 0355-835-5710)에서 간단한 낚시용품도 살 수 있고, 간단한 식사도 부탁하면 가능하다.

■ 교통

의정부에서 동두천행 ③번 국도로 회천(덕정)까지 간다. 회천에서 좌

측 316번 지방도로는 굽어지는 언덕길로 좌회전, 은현~상수리 검문소~신산리 입구에서 적성 방향으로 349번 지방도로를 달려 설마치 고개를 넘어 내려가면 적성삼거리를 지나서 임진강 노곡교(틸교)가 나온다. 예전에는 이곳에서부터 민간인 출입이 통제되었는데 지금은 제한을 받지않는다. 노곡교를 건너 포장길로 들어서면 개성~평양 등 이정표가 나오는데 그대로 북쪽 방향으로 직진하면 7km 지점에서 백학지와 만난다.

백학지 상류를 지나는 포장길을 계속 따라가면 전곡이 나온다.

전곡호

소재지 : 경기도 연천군 청산면 궁평리
수면적 : 1백 20만평

씨알 굵은 붕어, 잉어가 낚여

전곡호는 1985년 4월 한탄강의 상류와 포천 백운산에서 발원한 영평천이 합수되는 청산면 궁평리 속칭 자살바위 위쪽에 다목적댐이 건설되면서 생긴 인공호수다.

전곡호가 만들어진 직후에는 호수의 험한 지세에 암벽, 모래, 자갈, 급류 등 자연조건이 낚시터로는 크게 기대되지 않았다. 그러나 1987년 경부터 댐 건너편 한탄강 하구권 아우라지와 댐을 건너지 않는 영평천 하구권 신촌, 그리고 영평천 최상류권이 되는 백의리 백의교(벨본교) 일대에서 붕어와 잉어가 굵게 낚이면서 낚시계의 관심이 기울어지게 되었다.

전곡호가 발전을 위해 수위의 증감, 증폭이 잦고 조황의 기복이 심하지만 흐름이 약하고 수심이 깊은 곳을 잘 고르면 대형 붕어(32~36cm 월척)와 중형 잉어(20cm 전후)를 낚아올릴 수 있다.

ㅁ아우라지권

댐을 건너 포장된 길로 1km쯤 달리면 우측에 아우라지낚시터 입구라는 푯말이 있다. 거기서 내리막 소로를 내려서면 호반에 민가 한채가 있는데, 그집이 낚시안내인 신용선씨집이다. 그곳에서 수위에 따라 연안에 앉거나 거슬러 올라간 곳, 붕어섬으로 일컫는 산 밑 편편한 자리로 배를 타고 가거나 건너편 산 밑으로 들어가면 된다.

배편과 식사는 신용선(전화 ; 0355-835-2567)씨집에서 맡아준다.

ㅁ신촌권

전곡~포천, 성동으로 이어지는 ㊲번 국도변의 청산면 궁평리 청산우체국 옆으로 열려 있는 시멘트 포장길로 약 1km를 들어가면 전곡호 영평천 하구권의 호반이 나온다. 호반에 집이 몇채 있는데 낚시점과 식당

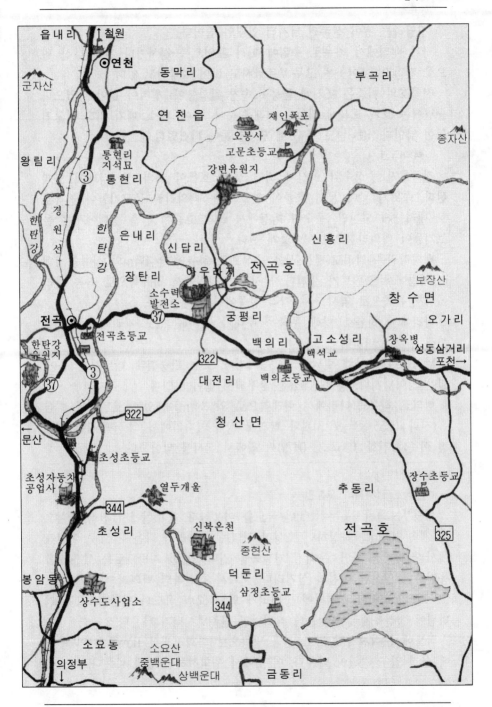

을 경영하는 집이 신촌권 낚시터 안내인 집이다.

거기 배터에서 좌우로 수위에 따라 포인트를 정하거나 건너편 산 밑으로 건너간다. 이곳은 고무 보트낚시도 많이 성행되고 있다.

전곡호의 어종은 초기에 돌붕어(속칭 철갑붕어) 월척이 많이 낚였으나 근년에는 보기 드물게 되었고 재래종 붕어, 잉어, 배스, 메기 기타 강고기 등이 낚인다. 1996년도 홍수 때 댐 옆 둑이 터졌었다.

□백의리권

전곡호가 중상수위 이상이 되면 물의 흐름이 거의 정지상태에 있게 된다. 수위가 낮아 물의 흐름이 있을 때는 백의리권 물고기들이 전곡호로 내려붙게 되지만, 중수위 이상에서 물의 흐름이 멈춘 상태에서는 물고기들이 백의리권으로 모여들게 된다.

백의리권은 백의교(벨본교)를 중심으로 하류쪽 약 4백m와 상류쪽 7백m 가량에서 포인트가 생긴다. 낚시터는 다리에서 하류쪽으로 좌측 다리에서 상류쪽으로 역시 좌측 각각 한쪽에서만 가능하다.

다리에서 하류로 향해 우측은 부대가 위치해 있고 다리에서 상류를 향해 우측은 벼랑이다.

낚시는 대낚시와 릴낚시 등 두가지가 모두 가능한데 대낚시는 붕어, 릴은 잉어낚시다. 잉어는 9월을 전후해서 많이 낚인다.

백의교 하류쪽(다리에서 아래쪽으로 약 3백m)에 있는 호반농원 백삼흠(전화 ; 0355-835-3615)씨와 백의교 상류쪽(다리에서 약 4백m)에 가겟집 이준재(전화 ; 0357-33-0479)씨 집에서 식사를 맡아준다.

■ 교통

□전곡호 댐까지의 교통편

의정부~회천~동두천 ③번 국도를 이용한다. 동두천에서 전곡 방향으로 계속 10km를 북상하면 초성리 건널목 삼거리가 나온다. 그곳 이정표에서 철원행을 확인, 우회전 건널목을 건너 322번 지방도로를 약 5km를 동진하면 청산면 대전리 삼거리다. 거기서 직진하면 백의리 다리에 이르고, 좌회전하면 1km지점에 궁평리가 있고 ㊲번 국도와 만난다. 그곳 건너편에 청산우체국이 있는데 직진하면 신촌낚시터가 나온다.

국도에서 직진하지 말고 전곡 방향으로 좌회전해서 1km쯤 가면 우측에 한전 입구 간판이 나온다. 이 곳에서 우회전하면 댐에 이른다.

□ 백의교로 가는 교통편

초성리 건널목을 건너 5km지점의 대전삼거리에서 우회전하여 약 3km
를 달리면 백의리 백의교다.

포천에서는 ㊸번 국도로 만세교~양문~성동 삼거리에서 좌회전 영평
천을 따라 ㊲번 국도로 달리면 백의교에 이른다.

숙소로 할 수 있는 곳은 백의리에 장급여관, 식당, 낚시점 전우사(전화
; 0355- 835-1667) 등이 있다.

■ 명소

□ 숭의전

연천군 마산면 아미리 임진강변에 있는 고려 태조 왕건과 7명의 왕을
제사지내는 곳이다. 주변에 임진강과 괴석, 500여년이 된 느티나무가 어
우러진 자연은 아름다움을 더 해 주고 있다.

□ 재인폭포

연천읍 고문리에서 2km 떨어진 지점에 땅이 30여m나 꺼져내린 계곡
안으로 폭포가 걸려 물이 떨어지는 비경, 검은 돌과 짙은 숲이 어우러져
계절의 변화없이 전천후 관광지로 이름이 나있다. 계곡 끝에는 저수지가
있어 폭포의 가치를 높여준다.

들쥐의 배설물에 주의(유행성 출혈열)

옛날에는 거의 볼 수 없었던 '유행성 출혈열'(텝토스피타)이라는 병
이 법정 전염병(2종 전염병)으로 추가 되었다. 이 유행성 출혈열은 들쥐
의 배설물로 생기는 진드기의 유충이며, 이 유충에 물려 발생하는 무서
운 병이다. 이 병에 걸리면 2주의 잠복기를 거쳐 발열과 오한, 발진, 두
통, 기침증세 등이 나타나며 사망이 높다고 한다. 1990년도에 2천명이
발생했으며 매년 증가 추세에 있다고 한다.

요즘 예방 백신이 개발 되었다고 하지만 인식도가 낮아서 백신주사
를 맞는 이가 적다. 예방은 백신주사를 맞는 것이 최선이지만 낚시터나
산과 들에 가서 숲이나 풀밭에 살을 노출시키고 앉거나 눕지 말아야 한
다. 신문지따위를 깔고 앉거나 야외에 다녀오면 옷을 빨아 입어야한다.

유행성 출혈열은 흔히 가을에 발생했었는데 근년에 와서는 계절을
가리지않고 발병하고 있다.

고모리지

소재지 : 경기도 포천군 소홀면 고모리
수면적 : 5만 9천 6백평

6월부터 9월의 밤낚시가

고모리지(古毛里池)는 1983년도에 축조된 수심깊은 저수지다. 광릉 임업시험장 조림산인 죽엽산 북서쪽 기슭에 들어앉아 있어서, 저수지가 푸른 숲으로 둘러싸여 있어 경관이 빼어난데다가 물이 깨끗해서 붕어의 힘이 좋기로 이름난 곳이다.

그러나 피라미가 많아 낮낚시는 어렵고 밤낚시를 해야한다. 붕어의 씨알은 15cm에서 월척까지 들쭉날쭉하지만 떡붕어가 없어서 당기는 힘이 매우 좋다.

유료낚시터로 관리되고 있기 때문에 향어대신 잉어를 사다넣어 잉어가 입질을 해줘 즐겁다.

포인트는 제방 좌측 넓게 후미진 하류권과 호수장여관이 있는 중상류권 그리고 상류 관리실 앞쪽을 꼽는다.

해발 1백m의 높은 지대에 들어앉아 있고 물이 차고 맑아서 산란이 5월초순이며 낚시의 적기는 6월초부터 9월 초순 사이의 밤낚시다. 미끼는 떡밥이 잘 먹힌다.

저수지 호반에 장급여관, 호수장여관이 있고 주변에 많은 식당이 있다.
관리실 전화는 0357-542-0600번이다.

■ 교통
의정부에서 포천행 ㉛번 국도로 7km쯤 북상하면 축석령에 이른다. 축석고개 삼거리에서 광릉내 방향으로 우회전하여 314번 지방도로를 약 4km쯤 달리면 직동삼거리가 나온다. 고모리행 이정표를 확인하여 교회를 바라보고 좌회전해서 포장길로 약 2km를 들어가 고개를 넘어가면 고모리지 상류가 된다. 이 도로는 1992년도에 포장되어서 포천군 송우리로

들어가는 길보다 훨씬 단축되었다.

　송우리로 들어갈 경우는 축석령 삼거리에서 ㊸번 국도로 직진 약 8km
를 가면 송우리다. 송우리 외곽도로에서 고모리로 들어가는 삼거리에서
고모리 낚시터 입구 간판을 확인하고, 우회전 다리를 건너 포장길로 초가
팔리를 경유하여 약 4km를 들어가면 고모리지 제방에 이른다.

■명소

□ 광릉 수목원과 광릉

　고모리지 상류 진입로인 직동삼거리에서 약 3km를 광릉내쪽으로 내려
가면 임업시험장앞을 지나면서 우측에 수목원(국내 유일의 나무 박물관)
이 있고, 이 수목원 건너편에 산림욕장이 있다.

　다시 전나무숲을 지나 내려가면 좌측으로 광릉 주차장이 있고 비탈진
거목 소나무 숲속을 지나 들어가면 세조와 세조비 정희왕후를 모신 광릉이
있다. 조선초기부터 600년 이상 보존되어 온 우리 나라 대표적인 숲이다.

　수목원은 토요일, 일요일과 공휴일에는 휴관하고 평일에는 미리 예약
을 해야한다.

가산지

소재지 : 경기도 포천군 가산면 우금리
수면적 : 5만 2천평

T자형 잔교식 좌대

가산지는 1958년도에 만들어졌으나 제방이 약 20m로 높게 쌓아져서 수심이 깊다. 그러나 몽리면적이 넓어서 가뭄을 쉽게 탔으나, 1984년경 유료낚시터로 관리되면서 가뭄이 들 때 그물 등에 의한 남획이 막아지면서 낚시 자원이 늘어나기 시작했다. 1988년경부터는 자체 양식장이 설치되면서 향어가 자급자족되고 있어서 붕어, 잉어보다는 향어가 주 어종이 되었다.

낚시터에는 T자형 잔교식 좌대가 설치되어 있어서 전문낚시인들은 좌대에 오르는 이가 많지만 때로는 뭍에서 30, 40마리가 무더기로 낚이는 경우도 허다하다.

낚시터에 식당과 넓은 휴게소가 있어서 숙식은 어렵지않다.

■ 교통

의정부에서 포천행 ㊸번 국도로 축석령을 지나 송우리까지 약 13km. 송우리에서 약 1km를 더가면 있는 하송우리 사거리에서 우회전하여 송우교를 건너 316번 지방도로를 4km를 달리면 가산면(마산리)이다. 가산에서 내촌 방향으로 우회전 325번 지방도로를 약 3km를 가면 도로변 좌측에 가산지가 있다. 낚시터까지 포장길이며 낚시터에 큰 주차장이 있다.

퇴계원에서 진입할 경우 ㊼번 국도를 진접~광릉내를 거쳐 내촌삼거리에서 좌회전한다. 325번 지방도로를 약 5km쯤 달리면 가산지 상류가 나온다.

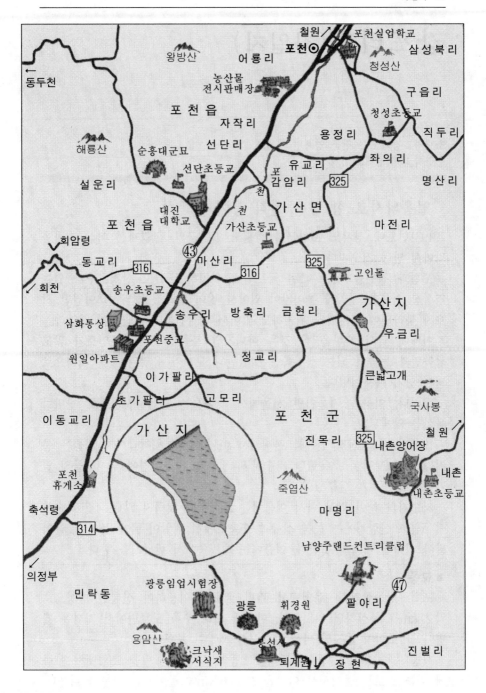

강포리지(좌일지)

소재지 : 경기도 포천군 영북면 자일리
수면적 : 3만평(10ha)

얼음낚시로 힘 좋은 월척 붕어가 득실

1931년도에 경기도 포천군과 강원도 철원군의 도 경계선 야산 계곡을 막아서 만든 저수지다.

포천과 철원을 잇는 ㊸번 국도변에 위치하고 있고 산정호수가 있는 명성산 서북쪽 계곡에 들어앉아 있어서 많이 알려졌을 낚시터이건만 저수지 북쪽면에 군부대가 위치하고 있어서 낚시인들이 접근하지 않았다.

이때에 낚시 제한을 한 것은 아니지만 북쪽면에 낚시포인트가 많고 남쪽면과 동쪽이 되는 상류쪽은 절벽산과 모래가 유입된 얕은 지역으로 되어 있기 때문이었다.

그러나, 이곳은 겨울이면 서울에서 찾아오는 얼음낚시꾼들로 한바탕 몸살을 앓게된다.

1993년 겨울 신정 연휴를 전후해서 여덟치에서 월척급까지 힘좋은 붕어가 수백수 낚여 조용했던 저수지 위 빙판을 하루아침에 낚시꾼들의 열기운으로 뜨겁게 달구웠다.

저수지의 물이 맑고 차서 여름에는 조황이 뚜렷하지 않다. 4월 하순에서 5월초 산란기에는 동쪽 상류쪽 수초밭에서 씨알이 굵게 붙지만, 물이 맑아 기대에 미치지 못한다. 여름에는 제방쪽에서 밤낚시를 한다.

■ 교통

포천~성동삼거리~운천에서 ㊸번 국도를 이용하여 신철원 방향으로 약 2.5km를 북상하면 자일리다. 마을에 가려 우측 도로변에서 가까운 제방이 잘 보이지 않지만 마을 안에서는 제방이 보인다.

제방 우측 앞으로 들어서도 되고 동쪽 상류쪽은 마을 초입에서 우측에 있는 소로로 들어서서 야산을 끼고 6백m쯤 들어가면 상류가 나온다.

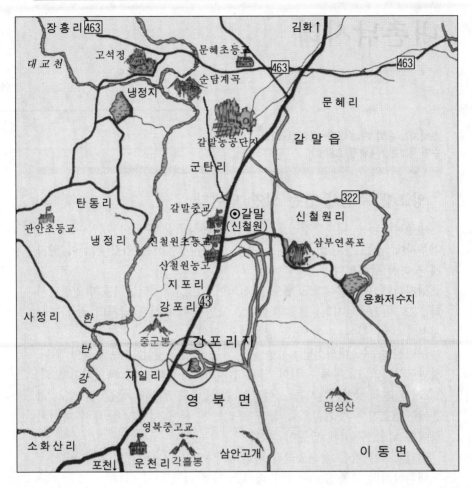

상류쪽에는 주차공간도 있다. 그러나, 북쪽 상류쪽은 군사시설이 있어서
접근할 수 없다.

■ 별미

□ 순담상회

소재지 : 강원도 철원군 갈말읍 군탄1리

전 화 : 0353-52-3034

순담계곡으로 내려오는 길목에 매점과 식당을 겸하고 있으며 토속적
인 아릿한 맛의 도토리묵과 감자빈대떡, 산채 나물요리가 각별하다.

내촌낚시터

소재지 : 경기도 포천군 내촌면 내리
수면적 : 2만 4백평(0.8ha)

양조장 주인이 만든 알찬 양어장

내촌낚시터는 내촌막걸리로 유명한 내촌양조장 주인이 개인 소유 하천부지에 만든 양어장 낚시터로 북부 경기지방에서는 가장 시설이 알차게 꾸며진 낚시터다.

낚시터에 송어양식장도 별도 시설되어 있고, 낚시터는 1호지(일반낚시터), 2호지(가족낚시터), 3호지(소규모 모임단체의 전세 낚시터)로 나눠서 계절에 따라 향어, 송어 등을 방류하고 있다.

부대시설로는 대형식당·사우나가 있는 고급휴게실, 원두막 등이 있다. 일반낚시터인 1호지에는 섬이 있고 접지좌대가 2백여 개 배열되어 있다. 3호지인 전세 낚시터에서는 20여명이 짧은 대로 낚시를 즐길 수 있고, 겨울에는 3호지에 순환식으로 물을 흘러들여 물이 얼지않게 해서 송어와 향어를 낚을 수 있게 만들어놓았다.

식당에서는 각종 생선요리와 백반 등 다양한 식단이 준비되어 있다.

내촌낚시터 북쪽 3km지점에 베어스 타운(리조트)이 있다.

낚시터 전화는 0357-32-8000, 32-2929번이다.

■ 교통

퇴계원을 기점으로 진입하는 방법과 의정부~축석령~광릉내를 경유하는 길, 그리고 의정부~축석령~송우리~하송우리에서 우회전해서 가산을 경유, 내촌으로 들어가는 교통로가 있다.

퇴계원 기점은 ㊼번 국도로 진접과 광릉내를 경유 내촌까지 약 19km. 내촌에서 좌회전해서 내촌우체국 옆골목으로 들어서면 내촌낚시터다.

또 하나는 의정부에서 ㊸번 국도의 축석령~송우리에서 약 1km를 더 북상하면 하송우리다. 거기 삼거리에서 우회전, 송우교를 건너 가산면 소

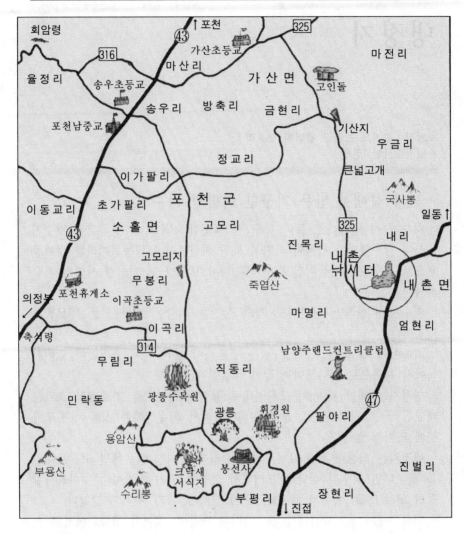

재지를 경유하여 우회전하면 가산지가 나온다. 가산지에서 325번 지방도
로를 약5km 더 가면, 일동 철원으로 가는 ㊹번 국도와 만나며 그 삼거
리에 내촌우체국이 있다.

냉정지

소재지 : 경기도 포천군 관인면 냉정리
수면적 : 11만 4천평

남과 북에서 만든 기구한 이력의 저수지

저수지 이름 그대로 물이 맑고 찬 깨끗한 저수지다. 광복전에 저수지 공사에 착수했다가 광복이 되면서 북한 치하에서 노력동원이라는 강제동원으로 저수지가 만들어졌고 수복후 다시 보수가 된 기구한 사연의 저수지이다.

저수지는 한쪽만 야산이고 거의 삼면은 석축을 쌓아 만든 네모꼴의 각못이다.

가까이에 한탄강이 흐르고 있는 철원평야 남쪽 끝에 들어앉아 있어서 둑에서 북쪽으로 쳐다보이는 들이 끝없이 펼쳐진다.

냉정지는 해발 180m의 고원지대에 들어앉아 북쪽을 가로질러 흐르는 대교천 물을 지하터널로 끌어들이고 있어서 저수지에는 상류 유입구가 눈에 뜨이지 않는다.

냉정지는 약 20년전 유료낚시터로 관리되기 이전에는 매년 6월 모내기를 하고나면 저수지 바닥을 드러내서 그물로 고기를 잡아내는 마을사람들의 천렵(川獵) 행사가 계속되었으며 강고기, 메기, 붕어가 많았다.

양식계에서 유료낚시터로 관리하면서 떡붕어, 잉어가 방류되어왔고 요즘에는 향어까지 방류하고 있다. 낚시에 걸리는 고기는 대부분 떡붕어(25cm~40cm)이고 토종붕어는 10%선에 미치지 못하고 있다. 잉어는 30cm에서 50cm급이며 때로는 70cm급 거물도 낚인다.

저수지가 석축으로 되어 있어서 좌대를 250개 가량 설치해놓았다. 유료낚시터로 관리되면서부터 냉정지의 물이 예전같이 맑고 깨끗치 않다는 낚시인들의 평도 있다. 향어를 낚기위해 어분미끼 등이 사용되고 있기 때문이다.

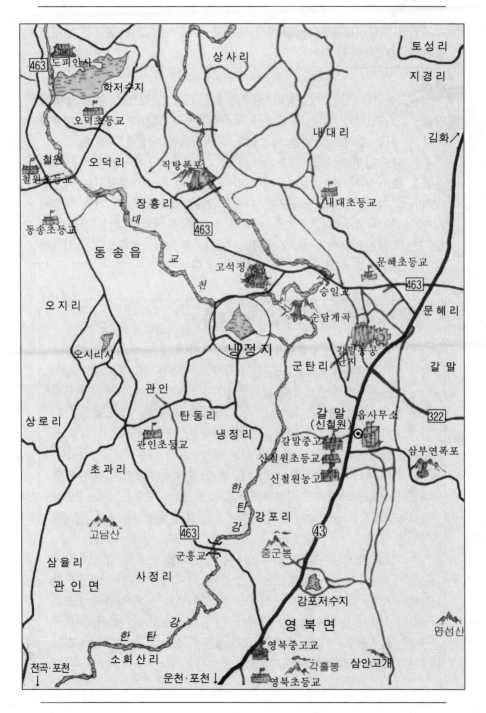

관리실(전화 ; 0357-33-1649)에서 식사를 맡아주며 조금 떨어진 냉정마을에서 민박도 가능하다.

■ 교통

일반교통편은 서울 상봉동과 수유동에서 15분 간격으로 있는 동송행 직행으로 관인에서 하차, 관인에서 낚시터까지 약 3km는 택시를 이용하거나 두 시간 간격으로 있는 냉정리행 군내버스를 이용해도 된다.

승용차는 ㊸번 국도를 이용하여 서울~의정부~포천~운천의 순서로, 운천을 1km 지나 운천 삼거리까지 간다. 거기서 동송~철원길로 좌회전 약 3km를 가면 한탄강 군흥교다. 다리를 건너 약 4km를 더 가면 탄동사거리가 나온다. 우측 탄동으로 우회전 1km를 들어가면 관인(탄동리)이다. 관인 시내로 들어가지않고 직진, 약 2.5km를 가서 우측으로 들어가는 시멘트 포장길로 우회전하면 냉정지가 나온다.

물고기의 후각

붕어, 피라미등은 무리속에서 상처가 생긴 동료가 생기면 무리들이 상처난 물고기에서 일제히 도망친다고 한다. 이유는 피라미나 붕어등은 물리적으로 상처를 입었을때 상처에서 다른 물고기가 싫어하는 일종의 공포 물질이 발산된다는 것이다. 즉 상처에서 발생하는 공포 물질은 다른 물고기 등 적으로부터 자신을 보호하기위한 수단이기도 하고, 동료 물고기들에게 어떤 위급상황임을 알리는 위험신호가 되어 준다는 것이다.

외국의 어느 생물학자가 피라미를 잘게 썰어서 피라미 무리속에 던져줬더니 모든 피라미가 공포반응을 일으켜 우왕좌왕하는 것을 확인했다고 했다. 같은 물고기의 체액에서 공포 물질이 발산하는 것을 두려워한다는 것이다.

우리들이 떡밥낚시를 할때 낚시에 걸린 붕어를 손으로 잡으면 붕어는 경직상태에서 필사의 힘으로 용을 쓴다. 그때 붕어의 몸에서 공포 물질인 체액이 발산될 것이다. 또 바늘이 몸체 비늘 어디에 찔려 있으면 살갗에서 공포 물질이 발산될 것이다. 이 공포 물질이 낚시꾼의 손에 묻은 채 그 손으로 떡밥을 만지면 그 떡밥속에 붕어의 공포 물질이 섞이게된다. 그렇다면 붕어가 그 떡밥을 안심하고 먹을 수 있겠는가 한번

■ 명소

□ 고석정

냉정지 입구에서 북쪽으로 약 2.5km를 가면 삼거리가 나온다. 좌측은 철원 학저수지 방향이고 우측길은 문혜리를 거쳐 신철원(지포리)으로 나가는 길이다. 그곳 삼거리에 고석정 입구 주차장이 있는 국민관광지로 개발된 고석정은 한탄강이 휘어지는 곳, 협곡이며 절벽에 기암괴석이 얹혀 있고 마치 바위에 박힌 듯한 노송이 숲을 이뤄 장관을 이룬다. 옛날 임꺽정이 은거했다는 굴바위가 빌딩처럼 세워져 있다. 물론 고석정은 정자가 아니며 옛날 진평왕이 정자를 세웠다는 얘기가 전해지고 있다.

□ 직탕폭포

고석정 입구 주차장에서 철원 학저수지쪽으로 약 5km를 가면 우측에 직탕폭포 입구 안내표지판이 있다. 한탄강을 가로막은 단애(斷崖)가 직탕폭포다. 폭포 주변에 숲이 그늘져서 휴식처가 되고 주차공간도 있다.

생각해 볼만 하다.

물고기는 종류에 따라 먹이 활동을 시각에 의존하는 경우와 후각에 의존하는 경우 두 가지가 있다.

전자는 피라미등 주층어(피라미 종류)의 경우이고 후자는 저서어(底棲魚)인 경우이다.

붕어는 후각 의존도가 높다. 밤낚시를 할 때 콩알만한 떡밥을 용케 찾아먹는 그것은 시각이 아니라 후각쪽이다.

'모천회귀(母川回歸)' 하는 연어는 고향인 모천을 떠날 때는 치어때인데도 수 년 후 성어가 되어 정확히 수 만 km 떨어진 모천으로 돌아온다. 고향의 냄새를 잊지않고 정확히 본류 또는 지류를 구분할 수 있는 것도 물론 후각에 의존되는 것이다.

상어는 다른 물고기의 피 냄새를 몇 km 밖 멀리서도 알아 차린다고 한다. 수 만분의 일로 희석된 피의 냄새를 용케 후각에 의해 찾는다는 것이다.

이러한 물고기의 신비를 우리는 알고 낚시를 하면 낚시가 더 재미있을 것이다.

금주지

소재지 : 경기도 포천군 영중면 금주리
수면적 : 4만 7천 8백평(16ha)

붕어, 잉어 입질 끝나면 송어 낚시

금주지는 1981년 포천의 명산 중 하나인 금주산(569m) 협곡을 막아 농업용수지로 만들어졌다. 제방의 높이가 20여m, 그래서 수심이 깊다. 저수지를 둘러싼 산들은 산세가 가파르고 수려하다. 물은 명경같이 맑아서 붕어낚시터로는 적합지 않았다. 그러나, 유료낚시터로 개발이 되면서 붕어, 잉어, 송어 등이 방류되어 어자원이 풍부해졌다.

봄·여름·가을에는 붕어, 잉어낚시로, 겨울과 초봄·늦가을에 붕어, 잉어의 입질이 끊어지면 송어낚시가 시작된다.

우리나라에서는 처음으로 유료로 초겨울, 초봄 송어 루어 낚시가 시도된 곳이다.

관리실 옆에 깔끔한 가든식당과 온냉방시설이 갖춰진 휴식방(무료), 민박(유료) 시설도 완비돼 있어서 주말 가족동반낚시, 휴양낚시, 직장야유회낚시 등을 위한 레저낚시터로 꾸며졌다.

여름 밤낚시에는 힘좋은 토종붕어와 잉어가 굵게 낚이고 송어 얼음낚시도 인기가 있다.

포천군내에서는 물이 오염되지 않은 깨끗한 낚시터로 낚시계에서 인정을 받고 있다.

■메모

식당에서는 매운탕류, 송어회, 해장국, 백반 등이 실비로 제공된다.

매점에서는 음료수, 낚시미끼, 음료수 자판기, 공중전화가 있고, 주차장은 50, 60대 주차가 가능하다.

관리소 전화는 0357-34-3717번이다.

■ 교통

서울 상봉동, 수유동, 의정부 터미널에서 포천을 경유 일동~이동~운천~산정호수~동송행 직행(5~10분간격)을 타고 포천 하차, 낚시터까지 택시로 15분 거리.

승용차는 서울 도봉동이나 상계동에서 의정부를 거쳐 ⑭번 국도로 포천까지 가서 계속 약 8km를 가면 만세교 삼거리가 나온다. 검문소에서 우회전, 일동쪽으로 ㉗번 국도를 8백m쯤 가면 금주교가 나온다. 다리를 건너지 않고 좌회전 둑길로 약 3km를 들어가면 금주지다.

■ 별미
□ 청기와집
소재지 : 경기도 포천군 영중면 성동4리
전 화 : 0357-33-9000 (주인 김옥렬)

라면국물 한 컵 정화시키는데 맑은 물 1천리터(다섯드럼)가 필요

저수지의 물도 물탱크 속에 담아져 있는것과 같다. 저수지의 물이 한 번 오염이 되면 쉽게 정화되지 않는다. 물탱크 속의 물이라면 물을 비우고 물탱크 속을 청소하면 되지만 저수지 물은 일단 오염되면 물갈이가 어렵다. 저수지 바닥의 뻘이나 모래바닥 사이로 오염물질이 깊숙이 침투하기 때문이다.

물고기가 살 수 있으려면 물속의 생물화학적 산소요구량(BOD)이 5PPm이하라야 한다는게 전문가들의 얘기다.

저수지 옆에 있는 건물에서 하수구를 통해 흘려보내는 생활하수의 BOD농도는 자그만치 500PPm이라고 한다. 이 생활하수를 물고기가 살 수 있는 5PPm이하로 정화시키려면 하수구를 통해 들어간 양이 한 드럼이라고하면 1백만배 즉 1백만드럼의 깨끗한 물을 보태야 한다는 것이다. 원래 계곡같은 흐르는 물은 자연 정화가 쉽게 이루어진다고 한다. 그러나 저수지 물은 갇혀 있어서 깨끗한 물을 보태도 쉽게 정화가 되지않는다.

우리가 가볍게 생각해서 저수지에 라면 먹던 국물을 쏟아 넣는다. 라면국물의 BOD는 2만5천PPm. 라면국물 200cc를 물고기가 살 수 있을만큼 희석시키는데 1천리터의 물이 필요하다는 것이다. 우유는 7만8천PPm, 가장 놀라운 것은 정종의 BOD농도는 20만PPm, 소주는 30만PPm이라고 한다. 20cc짜리 소주잔 한잔의 소주를 정화시키려면 1천리터의 물로 희석시켜야 한다는 것이다.

우리들이 낚시터를 잃지 않으려면 저수지에서 소변을 보거나 라면국물을 버리는 일들을 결코 하지 말아야 한다. 특히 담배 꽁초를 저수지에 휙! 하고 버리는 일은 다시 한번 생각해봐야 한다.

문인들의 낚시모임

포천 거쳐 영종교(38교)에서 철원 방향으로 들어서면 나오는 성동검문소 삼거리에서 우회전, 이동 방향으로 2km쯤 가면 일명 파주골로 도로변에 온통 순두부집이 밀집해있다. 그중 하나가 청기와집이다.

순두부에 밥 한 공기, 큼직한 대접에 담은 순두부를 양념장을 듬뿍 쳐서 먹으면 속풀이로 별미이다.

□ 먹을거리 오두막

소재지 : 경기도 포천군 영중면 금주리

전　화 : 0357-34-1147 (주인 김성훈)

포천에서 철원 방향 약 8km지점 만세교 삼거리를 지나치면 우측 도로변에 있는 '호로조' 전문요리집이다. '호로조'는 아프리카산 야생조류로 고기맛이 뛰어나서 가축으로 길들여왔다. 프랑스에서는 조류 가운데 가장 비싸고 맛있는 요리로 꼽혀오고 있다.

우리나라에서는 이집 주인이 처음 요리로 개발한 것인데 토종 닭고기맛과 쇠고기 맛의 장점만 취한 깃같다고 한다. 가슴살은 회로, 나머지는 백숙이나 불고기로 먹는다. 그 집에서 직접 재배한 신선초, 쑥갓 등을 곁들여 먹으며, 무공해 야채와 깔끔한 밑반찬이 나온다.

산정호수

소재지 : 경기도 포천군 영북면 산정리
수면적 : 7만 6천 6백평(26ha)

산수경관이 빼어난 얼음 낚시터로 꼽아

1925년도에 축조되었으며 광복후 북한 치하에 있다가 한국전쟁 때 수복되었다.

산정호수는 원래가 농업용수지로 만들어져서 몽리면적도 갖고 있지만 그보다 주변 산수경관이 빼어나서 유원지로 개발되었다.

1965년경 한 사업가에 의하여 농지개량조합과 계약, 낚시터로 개발됐으나 한편으로는 유원지가 되어 결국 낚시터로는 목적을 이루지 못했다.

농업용수이기 때문에 심한 가뭄 때는 사수면적만 남기고 바닥을 드러내지만 남획을 하지못해서 어자원은 풍부하다.

겨울만 빼놓고는 행락객의 유선, 모터보트 등으로 낚시가 어렵다. 그러나 겨울에는 일찍 결빙하고 늦게 해빙되어 얼음낚시를 하는 이가 많다.

어종은 붕어, 잉어가 주종을 이룬다.

■ 교통
의정부~송우리~포천읍내까지 간 다음 포천을 기점으로 ㊸번 국도를 타고 신철원(지포리) 방향으로 포천~만세교~성동~산정호수 입구까지 약 21km. 산정호수 입구에서 우회전해서 약 4km를 들어가면 산정호수 유원지 주차장이다.

낚시터까지도 승용차가 들어갈 수 있으며 유원지 입구에서 우회전, 우회도로를 타고 3km쯤 들어가면 상류권이 나온다.

■ 숙식
산정호수 입구 주차장에 모텔, 식당 등이 여러곳 있다. 유원지 내에도 식당 위락시설 등이 많다.

■명소

□ 자인사와 명성산

산정호수 상류에서 1km쯤 북쪽으로 승용차로 달리면 자인사(慈仁寺)가 있다. 사찰 규모는 적지만 주변은 울창한 숲과 수려한 풍경으로 봄에는 진달래, 여름은 푸른 숲, 가을에는 비단 이불을 깔아 놓은 듯한 단풍이 절경을 이룬다.

자인사 뒤 명성산은 산세가 아름다운 산으로도 전국에 이름이 나있다.

중리지

소재지 : 경기도 포천군 관인면 중리
수면적 : 2만 8천 7백평(약9.5ha)

지장봉, 종자산, 향로봉을 병풍으로 한 협곡 저수지

　중리지는 서쪽은 연천군, 동쪽은 포천군, 북쪽은 철원군으로 갈라진 광주산맥에 걸쳐 있으며 북쪽은 지장봉, 남쪽에는 종자산, 서쪽에 향로봉 등 명산 준령을 병풍처럼 두르고 있는 협곡의 계곡 저수지다.

　계곡 속에 흐르는 물이 담겨져서 물이 맑고 차서 조황에 기복이 심하다. 게다가 지령이 35년이나 된 옛날 저수지라서 제방이 낮고 몽리면적이 넓어 가끔 바닥을 드러내기도 했다.

　그러나 붕어와 잉어 큰 것이 있어서 물이 많이 빠진 다음에 밤낚시를 하는 이가 많다.

　민가가 없어서 숙식은 어렵지만 낚시터 입구 큰길에 있는 가겟집에서 간단한 식사(라면)는 가능하다.

■ 교통

　의정부에서 포천읍내까지는 ㊸번 국도로 약 23km. 포천에서 ㊸번 국도 타고 만세교~양문을 지나치면 영중교(38교)를 건넌다. 그곳에서 전곡 방향인 서쪽으로 좌회전. ㊲번 국도를 타고 서쪽으로 약6km를 강변길로 달리면 오가리 삼거리가 나온다. 거기서 우회전해서 관인~동송 방향으로 10km쯤 북상하면 삼거리가 나오는데 중리마을이다. 삼거리 가겟집에서 좌회전하면 중리지 제방이 보인다.

　중리에서 마을까지 약5백m. 저수지 우측으로 도로가 나있는데 이곳의 도로는 군사도로라 일요일에만 통행이 가능하며 평일에는 통행할 수 없다. 이 도로가 연천으로 이어지는 길이며 유명한 재인폭포로 들어가는 길이지만 통행은 사전에 꼭 확인을 해야한다.

■명소

□창옥병(蒼玉屛)

중리지 입구 오가리 삼거리에서 전곡 방향으로 ㊲번 국도를 약 1.5km를 강변길로 달리면 도로변의 창옥병을 구경할 수 있다. 창옥병은 포천 '영평 8경'의 하나로서 영평 8경의 으뜸이다.

창옥병은 높이 10~50m, 길이 4백~5백m의 깎아 세운듯한 절벽이 병풍을 두른듯 영평천을 감싸고 있다. 영평천이 창옥병에 부딪치며 흐르는 경치가 절경이다.

창옥병 옆 ㊲번 국도가 지나가는 길에 창옥굴이 있다.

□비둘기낭

영북면 대회산리 음골에서 한탄강으로 가는 길을 따라 0.4km 지점에 단풍나무와 잡목으로 둘러싸인 기암절벽에 있는 폭포이다.

옛부터 수백마리의 산비둘기가 서식하기에 비둘기낭이라 한다. 폭포 옆으로 난 계단을 따라 50m 정도 한탄강쪽으로 내려가면 암벽에서 두 줄기의 가느다란 실같은 물줄기가 있는데 철분 함유량이 많아 약수로 이용되고 있다.

□포천팔경

포천군 북쪽 영북면, 이동면 일원은 산세가 아름다운 준봉들이 솟아있다. 이에 백운산에서 발원하여 동으로 흐르는 영평천과 포천군을 유유히 흐르는 한탄강이 합류하여 그 굽이굽이마다 절경을 빚어놓은 곳이 포천팔경(영평팔경)이다.

포천 팔경가

화적연에 벼를 털어	화적연
금수로 술을 빚어	금수정
창옥병에 넣어들고	창옥병
와룡을 빗겨타고	화룡암
낙귀정으로 돌아드니	낙귀정
백로는 횡강하고	백로주
청학은 날아드니	청학동
선유담이 예 아니냐	선유담

오남지

소재지 : 경기도 남양주시 진접면 오남리
수면적 : 8만 7천평(29ha)

가족 나들이에 좋은 낚시터

1984년도에 천마산 계곡을 막아 만든 농업용수지다. 제방 높이 30m, 길이가 470m, 수(水)면적은 적지만 댐같은 저수지다.

이 오남지(梧南池)가 만들어진 직후부터 줄곧 10cm 전후의 잔챙이 붕어와 피라미가 낚였지만 1993년경부터 유료낚시터로 개발되면서 붕어 외에 향어도 낚이게 되었다.

저수지 제방이 높아서 만수 때에는 산허리까지 물이 차기 때문에 낚시터는 많지가 않다. 수위가 중수위로 내려가면 중류천 도로변 밑에 낚시를 할 수 있는 자리가 드러나서 좌대가 많이 놓여진다.

낚시터보다는 위락시설(식당, 휴양시설등)이 더많이 개발되고 있어 가족과 함께 나들이하기에 좋은 낚시터다.

오남지 상류에는 천마산 등산로 입구가 있으며 서울 청량리 경동시장에서 출발하는 시내버스 종점이 있어서 주말이면 가족동반, 놀이객이 많이 찾는다. 예전에는 계곡물이 깨끗했으나 근년에는 많이 더럽혀졌다.

관리실 전화는 0346-575-3232번이다.

■ 교통

태릉 또는 구리시(교문동)에서 퇴계원까지 간 다음 퇴계원에서 ㊼번 국도를 타고 북상하여 11km지점의 장현리(진접면 소재지)까지 간다. 거기서 진접우체국을 끼고 우회전, 왕숙천에 걸린 다리 홍학교를 건너 포장길로 동쪽 방향으로 약 5km를 들어가면 오남지 제방 앞에 이른다. 제방 우측을 통해 상류 천마산 등산로 입구까지 들어갈 수 있다.

일반버스는 서울 경동시장 앞에서 시발하는 오남리행 버스가 평균 20분 간격으로 운행되고 있다.

가까운 상현리(진집면 소재지) 부근에는 양어장낚시터, 우성낚시터, 반
도낚시터 등이 있다.

화림낚시터

소재지 : 경기도 남양주시 화도읍 월산리
수면적 : 약 1천평(저수지)

전원식 휴식공간으로 각광

화림낚시터는 기존 방죽형 저수지를 공원식 낚시터로 꾸며놓았다. 예전에는 농업용수지였는데 개발지역으로 변경되어 논이 없어지면서 저수지가 무용지물된 것을 개인이 인수, 저수지 주변에 전원식 휴식공간을 꾸미면서 어린이용 풀장까지 만들어놓았다. 낚시터 옆에 상당히 넓은 공간을 잔디밭으로 꾸몄고, 식당 등도 만들었다.

낚시터는 저수지형이라서 깊고 얕은 곳이 있는데 저수지 둘레에 좌대를 설치해서 앉기 편하게 해놓았다. 어종은 향어, 양식잉어가 주어종이고 계절에 따라 송어도 방류한다.

전문 낚시터라기 보다는 주말 가족 쉼터로 만든 낚시터다.

낚시터 전화는 0346-594-0251번이다.

■교통

태릉이나 구리시에서 남양주시로 들어선 다음 ⑯번 국도로 마치터널을 넘어 1.5km지점이 마석우리다. 마석우리에서 머재굴을 옆으로 지나 언덕길을 거의 다 내려서면 첫번째 버스정류장이 월산리다. 버스정류장에서 조금만 가면 우측에 골목길이 있고, 낚시터입구 간판이 있다. 거기서 우회전하여 과수원을 끼고 언덕길로 들어가면 넓은 주차공간이 있다.

낚시터로 가는 국도변에 서울스키리조트가 우측에, 천마산 스키리조트가 좌측에 마치터널을 사이에 두고 있다. 천마산 스키리조트에서는 겨울시즌에 스노우 스키, 여름에는 잔디와 플라스틱 스키등을 즐길수 있다.

■명소
□ 수동국민관광지

마치고개에서 내려가서 좌회전하여 [362]번 지방도로 진입로까지 5.5km, 진입로에서 지둔리 석고개 버스정류장까지 11km, 비금계곡 주차장까지는 7km 정도. 이 곳은 축령산, 천마산, 주금산 등 크고 작은 산들이 병풍처럼 서 있고, 이 울창한 숲에는 비금계곡·검단이계곡·물골안계곡이 있어 여름 피서지로서 알맞다.

□천마산 스키장

남양주시 금곡역에서부터 8.5km 되는 곳에 있으며, 각종 편의시설과 스포츠시설을 갖추고 있어 천마산의 절경과 함께 야간스키의 낭만도 즐길 수 있다.

서울 근교에 있어 스키와 등산의 명소로 잘 알려져 많은 사람들로 항상 붐빈다.

금남지(화도낚시공원)

소재지 : 경기도 남양주시 화도면 답내리
수면적 : 2만평

여름에도 송어낚시로 재미

저수지 원이름은 금남지(琴南池)로 되어 있으나 저수지가 농업용수지로 거의 사용되지 않으면서 화도낚시공원으로 개인이 개발했다.

금남지가 숲으로 우거진 야산 계곡 속에 들어앉아 있어서 물이 맑고 차서 송어낚시터로 더 인기가 있다.

송어는 수온이 섭씨 20도 이상이 되면 폐사하게 되는데 이곳 금남지의 수온은 섭씨 20도를 밑돌아서 여름에도 송어를 방류하면 힘차게 입질을 해준다.

낚시자원으로 방류하는 송어와 향어, 잉어, 메기종류 외에 자생하는 붕어도 중치급에서 월척급이 낚인다.

제방 우측에는 상류까지 이어지는 도로가 있어 상류까지 승용차로 들어갈 수 있고 상류에 가교가 있다. 낚시는 상류 다리를 경계선으로 상류쪽에서는 송어낚시를 하게 되고, 상류 가교 건너편쪽에서는 붕어와 잉어낚시, 하류 좌·우에서는 향어와 잉어낚시를 한다.

저수지 둘레에 좌대가 있어서 앉기에 편하다. 건너편은 산이어서 몇 곳 좌대가 있으나 급경사지이기 때문에 위험하다.

낚시터에 식당·휴게소가 있다.

관리실 전화는 0346-591-1701번이다.

■ 교통

승용차는 구리시~남양주시 마석우리에서 경춘가도를 4km쯤 달리면 북한강 대성리로 가는 강변길이 나오기 전 답내리 신호등에서 우측 금촌 갈비 간판을 확인한 뒤 우회전해서 5백m쯤 들어가면 된다.

■ 명소

□ 왕바위유원지

새터삼거리에서 양수리에 이르는 15km는 시원한 북한강 물줄기를 따라 강변의 운치를 마음껏 즐길 수 있다.

또한 매운탕 등의 색다른 맛도 즐길 수 있어 가족 단위로 놀러가기에 좋다. 주변에는 캠프장과 오동나무·새터·금남유원지가 있다.

발랑지

소재지 : 경기도 파주시 광탄면 발랑리
수면적 : 4만 5천평(15ha)

국내 최초의 떡붕어 이식 양어장

발랑지(發朗池)는 1975년 6월에 축조되었고 이듬해부터 국내 최초로
일본에서 도입한 떡붕어의 이식 양어를 시도했던 현장이다.

발랑지가 겉보기에는 평지에 저수지가 들어앉아 있지만 해발 120m의
높은 지대에 위치해있다. 저수지 상류쪽에 노고산, 노아산, 팔일봉 등 높
은 산은 아니지만 숲이 우거진 산이 많아 수원이 좋고 물이 맑고 차다.

제방쪽 수심은 18m나 되며 깊은 저수지이면서 몽리면적이 넓어 상류
가 쉽게 드러나는 약점이 있다. 그러나, 저수지 축조 이래 완전히 바닥을
드러내지 않았다고 한다.

유료낚시터로 관리되면서 재래종 붕어를 2, 3년에 걸쳐 10여톤 이상
사다 넣었다는데 이상하게도 재래종 붕어는 낚이지않고 떡붕어와 방류한
향어 그리고 잉어만 낚인다. 방류된 붕어는 평균 20cm 이상의 큰 붕어
들이다.

발랑지에서는 60cm급 떡붕어가 많이 낚였는데 모두 릴에 낚였다. 지
금은 릴낚시를 제한하고 있어서 그런지 대형 떡붕어는 낚이지 않는다.

포인트는 도로변쪽에 설치한 좌대이며 긴대쪽에 입질이 좋다.

겨울에는 얼음 두께가 20cm정도 두껍게 얼어붙고, 3월 초까지 해동이
안된다. 그러나 얼음낚시(붕어)는 안되어 구더기를 가지고 가서 피라미
낚시를 하는 이가 많다.

저수지 상류 관리실에 식당과 매점, 방갈로가 있다.

관리실 전화는 0348-941-1338번이다.

■ 교통

의정부와 구파발에서의 두 코스가 있다.

구파발 코스는 ①번 국도로 봉일천에서 307번 지방도로로 광탄까지 가거나 39번 국도로 벽제·고양에서 해음령을 넘어 용미리를 경유 광탄까지 간 다음 광탄에서 의정부행 포장길로 들어서서 6km지점이 발랑지 하류가 된다.

의정부에서는 동두천행 ③번 국도를 타고 주내삼거리에서 좌회전하여 약 7km지점이 광적 가납교다. 다리를 건너서 좌회전 포장길로 달려 가납초등학교앞을 지나서 삼거리가 나온다.

우측 광탄행길로 약 6km를 들어가면 비암리를 지나치면서 발랑지 상류가 나온다.

애룡지(연풍지)

소재지 : 경기도 파주시 천현면 삼방리
수면적 : 8만 8천평(29ha)

수려한 경관의 향어 낚시터

애룡지로 불리우고 있지만 원래 이름은 연풍지이고 예전에는 용주골 지로도 불리웠다.

1960년도에 만들어졌으며 주변 경관이 수려해서 예전 연풍(용주골)이 기지촌 당시부터 유원지로 개발되었다.

수심이 깊고 물이 맑아서 낚시터로는 크게 각광을 받지 못했으나 1980년대에 들어서 유료낚시터가 전국적으로 확산되자 이곳도 유료낚시 터 허가를 냈다.

낮에는 행락객을 위한 보트장으로 낚시가 어려워서 밤낚시를 해야하 며 어종은 떡붕어, 잉어, 향어, 재래종 붕어의 순으로 낚인다.

낚시터는 건너편 산밑 쪽이다. 한때는 향어낚시터로 전문화되어서 낮 에도 향어낚시를 하는 이가 많다.

낚시터 내에 식당과 위락시설이 있다.

■교통

구파발에서 일단 광탄까지 들어간다. 광탄에서 파주읍쪽으로 약 4.5km 를 달리면 연풍으로 도로가 휘어지는 쪽, 우측에 애룡지 제방이 보인다. 의정부에서도 주내~가납리~법원리에서 약 3km를 들어가 좌회전하면 된다. 입구에 애룡유원지입구 푯말이 있다.

■명소

□ 보광사

고령산 서쪽 산자락에 있는 절로 신라 진성여왕 8년(894)에 도선국사 가 창건한 사찰이다.

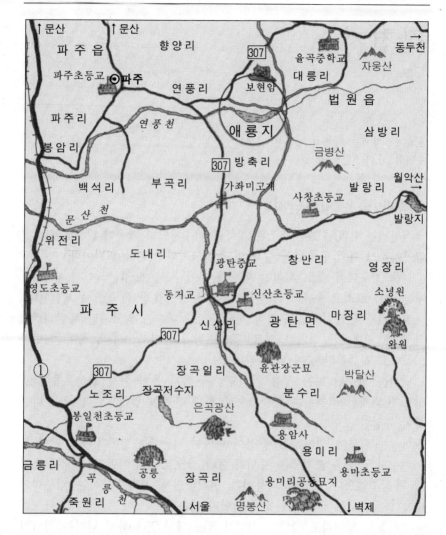

↑문산   ↑문산   향양리   307   율곡중학교   →동두천
파주읍   자웅산
파주초등교 ⊙파주   연풍리   보현암   대룡지
                                    법원읍
파주리   연풍천   애룡지   삼방리
봉암리   금병산
            307 방축리
백석리   부곡리   가좌미고개   사창초등교   발랑리   월악산→
                                                발랑지
    문산천
위전리
        도내리   광탄중교   창만리   영장리
영도초등교   동거교   신산초등교   소녕원
파주시   신산리   광탄면   마장리   완원
    ① 307   307   장곡일리   윤관장군묘   박달산
    노조리   장곡저수지   분수리
봉일천초등교   은곡광산
금릉리   곡릉천   공릉   장곡리   용암사   용미리   용마초등교
죽원리   ↓서울   명봉산   용미리공동묘지   ↓벽제

    그 후 고려 고종 2년(1215)에 원진국사가, 1388년 무학대사에 의해 중
창되었고, 현재의 보광사는 조선 영조 6년(1730)에 영조의 모친인 최씨의
명복을 빌기 위한 전당으로 재건된 것이다.
    벽제 삼거리에서 의정부 방면으로 3.9km 들어가다 좌회전하여 1.4km
들어가면 안내판이 보이고, 그곳에서 4.8km 지점에 있는 근교에 보기드
문 장중한 건축물이다.

직천지

소재지 : 경기도 파주시 법원읍 직천리
수면적 : 13만 5천평(45ha)

경관 좋은 잉어낚시터

직천지는 1980년도에 축조된 계곡형 저수지인데 계곡이 U자로 휘어진 협곡이라서 마치 충주호의 상류 어느 골짜기와 같은 분위기이다.

산을 가운데에 두고 휘어진 협곡의 길이가 약 2km나 되어서 만수 때에는 상류 그리고 중류의 곡선지점과 하류 제방옆 등 세 곳으로 제한된다.

저수지가 만들어지고 완전히 바닥을 드러내지는 않았지만 해발 1백m의 높은 지대에 들어앉아 있고, 몽리면적이 넓어서 상류와 중류는 매년 드러나고 하류쪽만 물이 남게 된다.

낚시는 만수위 때는 상류 직천교 부근까지 물이 차서 최상류쪽이 포인트가 되지만 직천지는 지형상으로 하류 관리실 앞쪽으로 넓게 후미진 곳이 유일한 포인트가 된다.

어종은 떡붕어, 잉어, 재래종 붕어 순이며 겨울에는 빙어가 조금 낚인다.

저수지 축조후 초기에는 붕어가 20cm급으로 떡밥이면 찌를 시원스럽게 올려주었으나 근년에 떡붕어가 번식하면서 재래종 붕어는 떡붕어의 대세에 밀려나서 낚시대에 많이 낚이지 않는다.

주어종은 잉어라고 할만큼 잉어가 30cm에서 70cm까지 낚이는 직천지는 아직은 물이 깨끗하고 경관도 아름다운 낚시터다.

1994년부터 현재까지 유료낚시터 관리권 문제로 3년째 낚시터가 개방되지 못하고 있었다. 낚시터에 식당도 설비되어 있다.

■교통

직천지는 의정부에서와 구파발 등 두 곳에서 진입할 수 있다.

의정부에서는 ③번 국도 주내삼거리에서 좌회전하여 350번 지방도로로 진입, 가납리(광적면)까지 약 8km. 가납리에서 법원리 방향으로 계속

8km쯤 가면 오현리 삼거리다. 거기서 우회전 약 5km를 들어가면 직천교
이다. 직천교에서 산고개를 넘으면 직천지 하류다.

■명소

□화석정

파평면 율곡 3리 임진강변 서북쪽에 세워진 정자로서 야은 길재의 소
유였던 것을 율곡의 선조 이명신이 정자를 세우고 정원을 꾸민 곳으로
전망이 뛰어나다.

벽제낚시공원

소재지 : 경기도 고양시 관산동
수면적 : 2천평

공릉천을 의지한 공원식 휴양 낚시터

벽제낚시공원은 도봉산 송추계곡에서 발원한 공릉천 둑을 의지해서 만든 공원식 가족 휴양낚시터다.

긴 타원형의 낚시터 중간을 다리로 가로질러 조형미를 갖추었고 아래 위 섬을 만들어 낚시터 둘레와 섬에서도 낚시를 할 수 있게 해놓았다. 저수지 중앙에는 옥잠화로 섬을 만들어 낚시터 수면을 초록색으로 조화를 이루게 하는 등 시각적으로 되도록 푸른 낚시터로 꾸며 놓았다.

낚시터 주변에는 사슴장과 조류원(공작, 꿩 기타 조류)등을 설치해서 어린이 가족들에게 볼거리와 교육장으로 만들어 놓았다. 또한 낚시터 주변에 정원수와 관상수를 가득 심어서 가족들이 싱그러운 그늘에서 쉴 수 있게 배려했다.

낚시터에는 향어와 붕어, 잉어가 있고, 수온이 떨어지면 송어가 방류된다.

관리실(전화 ; 0344-62-8781~4) 옆에 가든식 식당이 있다.

■ 교통

구파발에서 ①번 국도 통일로를 타고 삼송리~벽제삼거리~벽제(관산동)까지 약 10km. 거기서 5백m쯤 더가면 좌측에 원당 방향으로 가는 벽제교가 있다. 거기서 좌회전 다리를 건너 7백m쯤 달리면 좌측에 벽제낚시터 입구를 알리는 간판이 있다.

■ 명소

□ 공순영릉

공순영릉은 사적 제205호로서 공릉은 조선 8대 예종의 원비 장순왕후

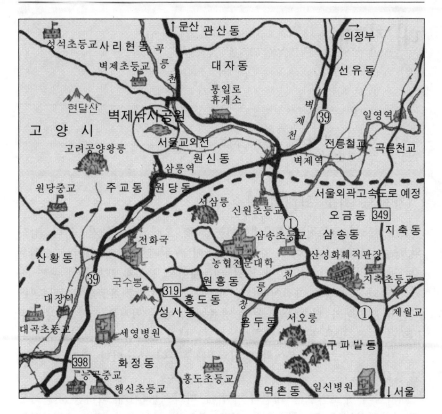

의 능이고, 순릉은 성종의 원비 공혜왕후의 능이며, 영릉은 영조의 장자인 진종과 그의 비 효순왕후의 능이다.

주변에는 잣나무, 전나무, 참나무 등이 빽빽하게 들어차 가을에 그 운치를 더하며 산림욕에도 적당하다.

내가지

소재지 : 인천광역시 강화군 내가면 오상리
수면적 : 28만 8천평(96ha)

강화도 최고 최대의 저수지

1957년도에 축조된 강화군내에서는 가장 오래되고 큰 저수지다. 강화의 중심 산맥인 고려산과 혈구산 계곡이 수원지로 되어 있어서 수원은 좋지만 몽리면적인 십리벌판 망원들이 넓어서 농사철에 가뭄이 들면 바닥을 거의 드러내는 약점이 있다. 이곳도 10여년전에 유료낚시터로 관리되면서 떡붕어가 방류되었으므로 요즘에 낚이는 월척은 모두 떡붕어다. 1980년대 초, 많은 월척을 배출했는데 그 당시 월척은 토종붕어였다.

내가지의 어종은 떡붕어와 잉어, 재래종 붕어의 순이며 메기 등 잡어도 많다.

내가지의 주포인트는 계절과 수위에 따라 달라지게 되지만 기본적으로는 봄낚시는 논을 끼고 있는 상류 수초밭, 여름에는 제방 좌측상류로 이어지는 도로변 수심 2, 3m 되는 곳, 가을에는 역시 상류권 수초밭이다. 내가지에는 수상 좌대가 여러 개 있어서 계절에 따라 포인트에 좌대가 옮겨진다.

관리소 전화는 0349-933-4287이다.

■ 교통

강화까지는 공항~김포~마송으로 이어지는 ㊽번 국도를 이용하고, 강화읍내에서 덕신중학교 앞을 지나는 국화리길로 고려산을 가로지르면 내가지 상류까지 8km 거리로 단축된다.

■ 명소

□ 청련사 · 적석사

고려산 기슭에 있는 절들로 고구려 장수왕 4년(416)에 천축조사가 세

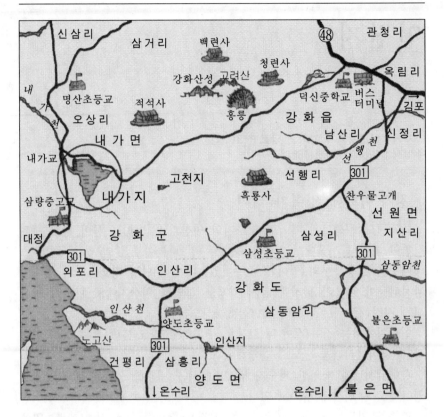

운 사찰이다.

강화에서 국화리를 통해서 고려산을 횡단하는 길목 고려산 품안에 자리잡은 청련사, 적석사, 홍릉 등 자연과 옛 건축물의 정취를 느끼고 즐길 만한 곳이 많다. 특히 적석사(積石寺)의 서쪽에 위치한 낙조대는 서해 낙조(落照)를 바라볼 수 있다.

ㅁ보문사

외포나루에서 석모도까지는 배로 5분이면 건널 수 있는데 승용차 승선도 가능하다.

보문사는 신라 선덕여왕 4년(635) 회정대사가 창건한 사찰로 나한전, 마애불, 범종각이 유명하다.

인산지

소재지 : 인천광역시 강화군 양도면 인산리
수면적 : 4만 6천 8백평(16ha)

감자 미끼에 잉어가 낚여

1977년도에 축조된 계곡형 저수지인 인산지(仁山池)는 물이 맑고 주위 경관이 빼어나 서울에서 가족을 동반, 주말 나들이로 많이 찾는 곳이다.

어종은 토종붕어와 잉어가 주종이었는데 1989년경 강화도내의 저수지 낚시터들이 서울의 낚시객 유치 경쟁을 하면서 인산지에도 향어가 방류되기 시작해서 향어낚시터로 변신했다.

인산지에서는 상류 일부를 그물로 구획하고 잔교(棧橋)식 좌대를 설치하고, 향어낚시터를 별도로 운영해왔다.

향어낚시터를 제외한 저수지 낚시터에서는 재래종 붕어와 40~90cm급 잉어가 감자 미끼에 낚이고 있다.

연중 포인트는 상류 가겟집 앞쪽 서경보(徐京保)스님 시비(詩碑) 옆을 돌아서면 나타나는 산 밑이 명당이다. 봄에는 상류 산밑 수초밭이 명당 자리이다.

상류 가겟집(양식계원 박세중씨)의 전화는 032-937-0546번이다.

■교통

강화읍내 기점 인삼센터 옆으로 온수리행 301번 도로로 진입, 약 3km 지점의 찬우물고개를 넘어서면 냉정삼거리다. 거기서 외포리 방향으로 우회전 약 5km를 달리면 인산지가 좌측 도로변에 있다.

■명소

□ 찬우물

강화 인삼센터에서 전등사길로 접어들면 3km지점 약간 언덕진 길을 올라서는 곳이 찬우물고개이고 언덕너머에 있는 삼거리를 찬우물 삼거리

(냉정 삼거리)라 부른다. 여기 언덕길 우측에 찬우물이 있는데 강화도령
이 이곳 샘에서 물을 마시며 사랑을 맹세했다는 곳으로 지금은 젊은 연
인들이 이곳을 많이 찾는다. 주차장, 매점등이 있다.

ㅁ가릉, 곤릉, 석릉

길정지 상류에서 1.5~2km범위 안에 있는 석릉과 가릉(嘉陵), 곤릉(坤
陵)은 고려 왕들의 묘다.

길정지

소재지 : 인천광역시 강화군 양도면 길정리
수면적 : 18만평(60ha)

겨울에는 빙어가 많이 낚여

1986년도에 축조하고 이듬해 담수가 끝난 길정지는 강화도 내에서는 내가지 다음으로 큰 저수지다. 그러나, 평지 야산을 의지해서 축조된 저수지라서 수원이 부실하고 만수면적 규모에 비해 수심이 얕아서 가뭄에 약한 점이 있다.

저수지 수몰지역이 대부분 논자리여서 낚시터로서의 환경조건은 더할 나위없이 좋은 곳으로 생각되었는데 기대에 미치지 못했다. 저수지는 축조된지 4,5년째가 되면 이상하리만큼 조황에 호황을 보여주는 것이 상례인데 저수지가 축조되고 10년이 되었지만 아직 이렇다 할 조황을 보여주지 않았었다. 상류쪽에 양어장 낚시터를 만들어 향어를 넣고 있다. 겨울에는 빙어가 많이 낚인다.

1996년경부터 새 관리인이 들어서고부터 자원관리가 잘되어 강화제일의 낚시터로 발돋음하고 있다.

길정지의 포인트는 제방 좌측권 상류에서 중류 사이 간교식 좌대를 꼽는다.

관리실 전화 032-937-3114번이다.

■교통

강화읍을 기점 온수리행 301번 지방도로 따라 3km 지점이 찬우물 냉정 삼거리다. 온수리쪽으로 직진해서 약 4km를 더 가면 불은이다. 그곳에 삼거리에서 우회전하면 양도로 가는 길이다. 약 3km지점에 석릉(碩陵) 입구가 나온다. 거기서 좌측으로 소로를 따라 약 1.5km를 들어가면 길정지 상류다.

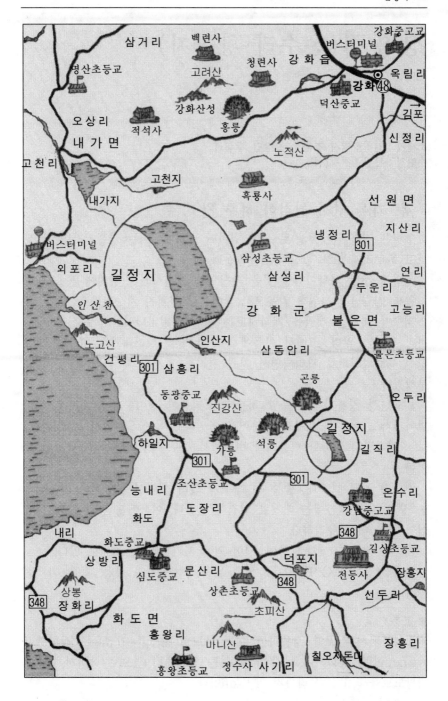

장흥지(온수리·황산지)

소재지 : 인천광역시 강화군 길상면 장흥리
수면적 : 11만 9천평(약39ha)

봄, 가을 낚시 월척이 하루 천여수

원명은 장흥지(壯興池)로 되어 있지만 낚시계에서는 장흥지라면 잘 모르고 온수리지 또는 황산지로 불리운다.

예전에 갯벌 바닥이었던 곳을 황산도와 연결시킨 간척지에 물을 대주기 위해 1962년경 타원형 각못으로 쌓아올린 간척지 저수지다.

저수지 바닥은 갯골을 제외하고는 옛날 갯벌바닥이라서 수심이 완만하며 깊지가 않다. 그래서 가뭄에 자주 바닥을 드러내기도 했는데 10여년전 유료낚시터로 관리되면서 자원 관리를 철저히 해서 낚시어종이 풍부해졌다.

1984년경 장흥지에서 주말 하루에 월척붕어 천여수가 낚이는 소동이 벌어지기도 했는데, 대부분 떡붕어로 확인되었다. 장흥지에서 유료낚시터로 관리하면서 방류한 떡붕어가 번식해서 하루 아침에 쏟아져 나왔던 것이다.

저수지 전역에 갈대, 줄풀 등 수초가 깔려 있어서 봄낚시와 가을낚시는 잘 되지만 여름에는 대체로 입질이 안좋다. 여름에는 동남쪽 약간 수심이 깊은 쪽이 유리하다.

어종은 떡붕어, 재래종 붕어, 잉어 외에 빠가사리 등 잡어도 있다.

관리실(전화 ; 032-937-0933) 옆에 넓은 주차공간과 식당, 횟집, 가겟집 등이 있다.

■교통

공항동에서 김포를 경유하는 ㊽번 국도로 김포를 기점으로 강화까지 약 27km이며, 강화시내 큰길 옆에 있는 인삼센터 옆으로 좌회전, 301 번 지방도로를 타고 온수리까지 약 13km이다.

온수리에서 전등사 앞길로 가다가 초지행으로 좌회전하여 약2km를 내리막길로 내려가면 좌측에 장흥지에 이른다.

■ 별미

□ 우리집

소재지 : 인천광역시 강화군 강화읍 신문리

전　화 : 032-934-2427 (주인 박영순)

강화읍내 한복판 중앙시장 골목 안에 있는 허름한 집으로 30년 전통을 이어온 한정식 전문집. 백반에 따라 나오는 콩비지는 집에서 직접 갈아서 만든 것. 강화 명물인 순무김치 등 깔끔한 밑반찬이 특색있다.

분오리지

소재지 : 인천광역시 강화군 화도면 분오리
수면적 : 5만 5천평(약18ha)

강화도의 얼음 낚시터로 유명

분오리지(分五里池)는 강화도 정남쪽 선두포 갯벌에 방조제가 막아지면서 폭 약2km, 길이 약2.5km의 직사각형 간척지가 생겼고, 거기에 논물을 대기 위해 간척지 서남단에 수문을 막고 만들어진 네모꼴 저수지다.

갯벌 갯골부분만 길고 완만한 수심을 이루고 있고, 갈대, 마름, 말풀 등 수초가 밀생해 붕어의 자생력은 좋은 편이다. 하지만 낚시는 봄 한철과 겨울 얼음낚시만 가능해서 분오리지는 강화의 얼음낚시터로 인식이 되어버렸다.

분오리지의 서쪽 분오리쪽은 산으로 되어 있고 남·동·북쪽은 논이라서 직사각형의 3면 둑저수지이며, 낚시는 둑을 타고 들어가서 수초가 열린 곳에서 낚시를 하게 된다. 남쪽 수문쪽에는 염분이 있어서 붕어낚시는 어렵고 숭어, 망둥어낚시는 가능하다.

어종은 붕어 일색이며 1990년경부터 빙어가 낚이기 시작해서 얼음이 얼기 전부터 얼음이 녹은 직후까지 빙어낚시가 성행한다. 빙어는 댐·호수의 것보다 씨알이 커서 피라미만하다.

얼음낚시는 12월 하순부터 2월 하순경까지 이어지는데 1990년도에 들어서서는 겨울 빙질이 좋지않지만 해변쪽이라서 비교적 얼음이 쉽게 얼어 붙는다.

분오리 마을에 식당과 민박집이 있다.

■ 교통

강화를 기점으로 301번 지방도로를 쫓아 전등사, 온수리행으로 선원~불은을 경유, 13km 지점이 온수리다. 온수리우체국 앞을 지나 전등사 입구를 경유, 정수사 이정표를 따라 약1.5km를 더 가면 사기리에서 정수

사 입구와 만난다. 정수사 입구를 그대로 지나쳐 1.2km쯤 더 남쪽으로 들어서면 좌측에 분오리지 수면이 보인다.

■ 명소

□ 정수사(淨水寺)

마니산(摩尼山) 동쪽 기슭에 있는 강화의 명찰 중 하나다. 신라 선덕여왕 8년(639년)에 회정선사가 창건한 고찰로 주위의 울창한 숲이 가경을 이룬다. 경내에는 대웅전, 산령각들이 있으며 특히 법당 창문의 연꽃무늬는 그 기법이 뛰어나 보물 제161호로 지정되었다.

정수사에서 2.2km 거리에 동막해수욕장이 있다.

덕계지

소재지 : 경기도 양주군 회천읍 덕계리
수면적 : 3만 4천 5백평(11ha)

잉어가 계절 가리지 않고 낚여

덕계지는 큼직한 암반들 위로 맑은 물이 흐르던 계곡을 막은 계곡형 저수지다.

제방의 높이가 약 18m, 만수위 수심이 15m나 되어 평균 수심이 깊다.

도락산 계곡에서 맑은 물이 담아지고 있어서 물이 차다. 그래서 피라미가 많이 덤벼 붕어낚시가 잘 안되던 곳이다.

이곳 덕계지가 유료낚시터로 관리되기 시작한 것은 1987년경. 붕어가 낚이지않자 관리인이 낚시터에서 향어를 길러서 낚시자원으로 방류하면서 향어와 잉어 낚시터로 자리를 굳혔다.

밤낚시에 가끔 붕어가 낚이면 준척급 이상의 대어이고, 향어가 꾸준히 입질을 해준다. 잉어는 물이 차서 계절을 가리지않고 굵게 낚이지만 마리수는 많지 않다.

좌대가 1백여개 설치되어 있어서 낚시하기에는 편하다.

관리실 전화는 0351-63-4081이다.

■ 교통

의정부 기점 동두천행 ③번 국도로 약 8km를 북상하면 덕계리 공단지역이다. 마을 끝머리쯤에 덕계목욕탕이 있는 곳에서 좌회전, 개울을 끼고 8백m쯤 올라가면 제방이 있다.

덕계리 마을에서 제방이 보인다. 제방 좌측으로 올라서면 저수지옆 건물이 관리실이고 주차공간도 있다.

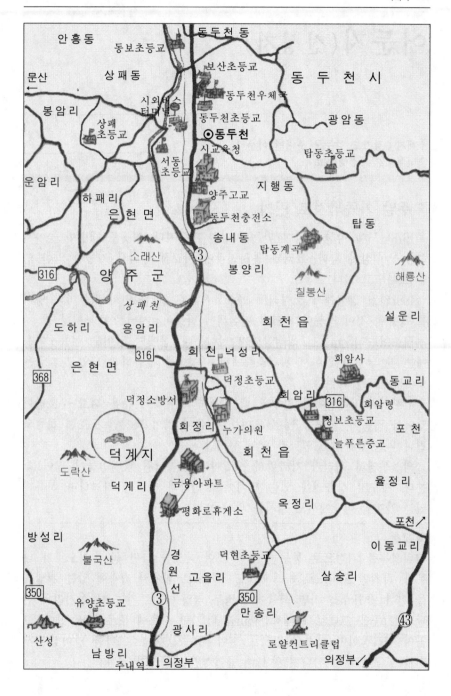

어둔지(산성지)

소재지 : 경기도 양주군 주내면 어둔리
수면적 : 2만 5천평(8ha)

주말 가족낚시로 인기

1978년도에 야산을 막아 만든 아담한 저수지다. 이곳도 제방이 높아서 하류쪽 수심이 깊다. 그러나 몽리면적이 비교적 넓어서 가뭄에 약한 면을 보여주고 있다.

1981년경 양식계가 조직되고 유료낚시터로 관리되면서 떡붕어와 잉어를 방류한 것이 떡붕어가 크게 번식해서 떡붕어낚시터로 변모했다.

떡붕어는 15cm에서 월척급까지 낚이는데, 봄에만 낚이고 여름·가을에는 잘 낚이지 않아서 관리소측에서는 향어를 방류하게 되었고 지금은 향어낚시터가 되었다.

낚시터가 V자형이며 만수위 때는 좌측 상류쪽이 논을 끼고 수초밭이 있어서 떡붕어, 향어가 많이 모여든다. 물이 많이 빠지면 도로변 하류와 건너편 산 밑쪽에 포인트가 많이 생겨난다.

의정부에서 거리가 가까워서 주말이면 가족단위 낚시인들이 많이 찾는다. 저수지 상류권에 있는 민가에서 민박과 식사가 가능하며 하류에 있는 가겟집 식당에서도 식사를 맡아준다.

■ 교통

의정부를 기점으로 동두천 방향 ③번 국도를 타면 곧 고가도로가 나온다. 하지만 고가도로를 타지말고 고가도로 밑에서 좌측에 있는 건널목을 건너 약 1km를 가면 좌측에 의정부 녹양동으로 가는 큰 삼거리와 만난다. 그곳을 그대로 지나쳐 1백m쯤 더 가면 좌측에 도로가 또 있다. 그곳이 사격장이며 사격장 옆으로 길이 휘어지면서 조그마한 양어장 낚시터가 있고 그대로 지나쳐 약 1km 들어가면 어둔지가 있다.

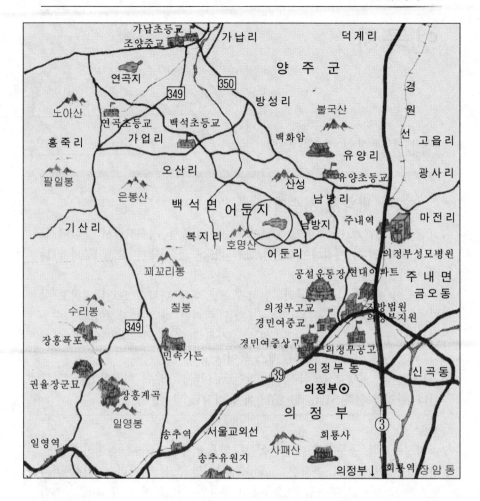

■명소

□ 양주별산대

소재지 : 주내면 유양리 260 (유양초등학교옆)

전   화 : 0351-40-1389

조선시대 양주읍에서 놀아지던 명절탈놀이로 1964년 무형문화재 제2호로 지정되었다.

경기지방 산대도감극의 일부로 본산대리고 불리던 녹번, 아현, 구파발, 퇴계원, 송파, 사직골 등지의 산대놀이와 구별하여 별산대라 부른다.

현재 양주별산대놀이 보존회가 있어 계승, 발전시키고 있다.

연곡지

소재지 : 경기도 양주군 백석면 연곡리
수면적 : 5천평

오래된 방죽형 저수지

연곡지(蓮谷池)는 지형이 50년이 더 된 방죽형 저수지라서 수심이 얕고 수초가 많다. 예전에는 3년에 한번 바닥을 드러내서 잔챙이붕어가 많이 낚이던 곳이다.

이곳이 유료낚시터로 관리되면서 7, 8년 이상 바닥을 드러내지않고 있다. 수초가 많던 상류쪽은 일부 제초를 했지만 바닥이 감탕이라서 수초 자생이 빠르다. 그래서 수초밭에는 수상좌대(1인용)가 여러 개 놓여 있다. 어종은 붕어, 잉어, 향어, 배스 등이다.

1960년대 이재학선생이 자주 찾던 곳이라서 양주 이재학못이라고도 한다. 관리실(전화 ; 0341-40-2678)에서 식사를 맡아준다.

■ 교통

의정부기점 동두천행 ③번 국도로 약5km지점의 주내 삼거리에서 문산 쪽 350번 도로로 좌회전, 5.2km쯤 달리면 오산 삼거리. 거기서 좌회전, 백석초등학교 우측길을 경유해서 홍죽리 사거리까지 약 4km, 사거리에서 연곡 이정표를 따라 직진해서 2km 더 들어가면 연곡지가 된다.

■ 명소

□ 양주 소놀이 굿
소재지 : 백석면 방성리 446
전 화 : 0351-40-2399
무속(巫俗)의 제석거리(무당의 열두 마당거리 굿 중 여덟째 거리)와 마마숭배굿 등의 자극을 받아 형성된 놀이로 무형문화재 제70호로 지정되었다. 주로 기호·황해 지방에서 공연되어 왔으나, 황해지방은 알 수가

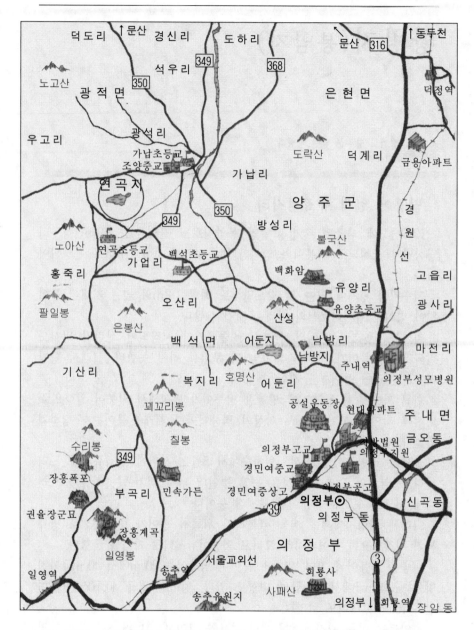

없고 양주 백석년 방성리에 그 보손회가 있어 명맥이 유지되고 있다.

황방지(봉암지)

소재지 : 경기도 양주군 남면 황방리
수면적 : 4만 5천평

떡붕어 일색 유료낚시터

1977년도에 축조된 황방지(일명 봉암지로도 불리움)는 1979년경부터 양식계가 조직되고 떡붕어와 잉어가 방류되면서 유료낚시터로 운영되어 왔다.

저수지가 평지에 있는 것 같으면서도 해발 1백m의 높은 지대에 들어 앉아 있어서 낚시터로서의 어려운 여건이 많다.

첫째는 5월초인 붕어의 산란기때 물빼기가 시작되어 산란기 낚시도 안되거니와 붕어가 산란한 알이 거의 부화를 하지 못한다. 그래서 황방지에는 재래종 붕어를 구경할 수 없다.

한편 저수지 축조 초기에 방류한 떡붕어가 번식해서 떡붕어 일색으로, 낚시에 낚이는 붕어는 99% 이상이 떡붕어이며 재래종 붕어는 구경하기 힘들다.

둘째 몽리면적이 넓어서 4월하순에서 5월초 사이에는 상류지가 드러난다. 봉암지의 수초대는 상류 논앞 뿐인데 낚시 적기에는 상류가 드러나게 되므로 수초낚시가 어렵다는 점 등이다.

그래서 황방지에서는 이를 극복하기 위해서 향어가 주어종으로 방류되기 시작했으며 향어낚시터 그리고 떡붕어낚시터로 자리를 굳혔다.

어종은 떡붕어와 향어, 잉어의 순이며 떡붕어는 20cm에서 40cm급까지 향어는 30cm급에서 3kg급의 대형도 있다. 잉어는 평균 40,50cm급이며 간혹 70cm급 대어도 낚인다.

포인트는 상류 관리실 앞쪽에서 하류쪽 그리고 건너편 도로변 중류권과 하류권의 아욱골로 불리우는 넓게 후미진 곳이며, 떡붕어는 관리실 앞쪽에서 많이 낚인다.

관리실(전화 ; 0351-63-6540)에서 식사도 맡아준다.

■ 교통

의정부~회천~동두천 입구에서 좌측 외곽도로로 진입하면 좌측에 다리가 있다. 좌회전 다리를 건너 남면(신산리) 방향으로 약 4km를 달리면 봉암리를 지나지면서 봉암초등학교가 있는 삼거리가 나온다. 거기서 북쪽 방향으로 우회전, 368번 지방도로로 약 1km를 가면 황방지가 좌측 도로변에 있다.

원당지

소재지 : 경기도 양주군 남면 한산리
수면적 : 4만 3천 5백평

북쪽 감악산 맑은 물이 흘러

원당지는 우측에 야산을 사이에 두고 있는 황방지가 축조된 이듬해인 1978년도에 축조되었다. 원당지도 황방지와 비슷한 환경의 저수지이며 거의 같은 해 유료낚시터로 관리되면서 떡붕어, 향어가 방류되었다.

원당지에는 향어 양식가두리가 설치되어서 향어 양식으로 자급자족하고 있다. 잉어도 같이 방류되었으므로 가을에는 잉어가 굵게 낚인다.

원당지는 북쪽에 있는 감악산에서 물이 흘러내리고 있어서 황방지보다는 물이 다소 맑은 편이다. 그러나 물이 차서 황방지와 비슷한 여건이며 황방지는 도로변에 있으나 원당지는 도로에서 1km쯤 거리가 떨어져 있어서 출입이 불편한 편이다.

포인트는 관리실(상류) 앞에서 도로변쪽 길 밑에 앉을 자리가 많고 건너편은 산이라서 접근하기가 불편하다.

낚시터 관리실(전화 ; 0351-63-5206)에서 식사를 맡아주며 상류에 있는 마을에서 민박도 가능하다.

■ 교통
의정부에서 ③번 국도로 동두천까지 약 17km. 동두천 외곽도로로 진입 좌측에 있는 다리에서 좌회전, 남면(신산리)방향으로 약 4km지점이 황방지 입구 교회앞 삼거리다. 거기서 직진해서 약 8백m쯤 가면 우측에 소로가 있는데 그곳에서 우회전하면 제방이 보인다. 약 1.5km를 들어가면 원당지다.

■ 명소
□ 설마령

원당지 북쪽에 위치하고 있는 감악산(紺岳山)에는 감골, 백토골, 빈뱅이골등 많은 골짜기가 뻗어 있고, 봉우리 서편으로 열두 굽이의 고갯길이 나있다. 이 고개가 설마치고개, 사기막고개 등으로 불리우는 설마령(雪馬嶺)이다. 여기 좁고 긴 고갯길의 좌우에는 기암괴석들이 즐비하게 늘어서 있어 보는 이로 하여금 감탄을 자아내게 한다.

이 코스는 원당지에서 신산리~적성으로 이어지는 349번 도로를 타야하며, 법륜사(法輪寺), 비룡폭포, 영국군 전적비공원 등도 있다.

고잔지

소재지 : 경기도 평택시 청북면 고잔리
수면적 : 3만 5천평(11.6ha)

안정된 저수지로 조황도 좋아

고잔지(高棧池)는 1936년에 제방이 막아지면서 간척지에 물을 대왔던 간척지 저수지다.

1973년도에 남양호 방조제가 막아지면서 바다와는 거리가 멀어졌고 물을 대주던 몽리면적도 남양호의 물이 공급되면서 비상용 보조저수지가 되었다. 그래서 1년에 큰 가뭄이 아니면 수위에 변동이 없는 안정된 저수지라서 조황도 크게 변화가 없다는 낚시터다.

1970년대에서 1980년대에 대형 월척을 배출한 것도 거기에 연유된 것이다. 현재는 일반 유료낚시터로 관리(관리소 전화 ; 0333-53-5208)되고 있고 상류쪽에 약 3천평규모의 병설 양어장 낚시터도 설치되어 있다.

오래된 저수지라서 1995년도에 준설을 했다. 저수지가 큰 굴곡이 없이 거의 직사각형을 이루고 있어서 포인트가 고르다.

상류에는 준설을 해서 깊어졌으며, 수초자리에 좌대가 설치되었다.

접지좌대와 수상좌대도 많다. 어종은 붕어와 잉어, 향어, 가물치 등이고 붕어는 잔챙이에서 월척까지 고루 낚인다. 가을의 고잔지 잉어는 명물이며 70~90cm급이 감자미끼에 낚인다. 낚시터에 식당이 있다.

■ 교통

수원역전에서 ㊸번 국로로, 오산에서 302번 지방도로를 이용하여 발안까지 들어간다. 발안에서 안중행 ㊴번 국도로 약 8km를 가면 우측에 고잔지 수면이 보인다.

고잔지 북쪽 3km지점, 발안에서는 남으로 5km지점에 있는 향남 제약단지에서 남서쪽으로 진입하면 남양호의 구문천리권으로, 남양호 상류는 남양호의 산란철(4월 초순)과 얼음낚시때 호황을 보여주는 곳이다.

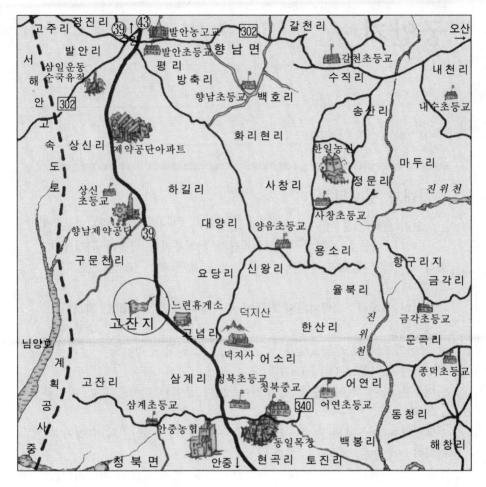

■별미

□고박사집

소재지 : 경기도 평택시 평택동

전　화 : 0333-52-1199 (주인 고복수)

　평택역전 육거리에서 국도를 건너 좌측(북동방향) 상가 골목안에 위치하고 있는 냉면 전문집이다.

　평택 시내에서는 물론 서울에까지 '고박사 냉면'으로 널리 알려져 있는 집이다.

　현재 3대째 가업을 이어받고 있다.

궁안지

소재지 : 경기도 평택시 고덕면 궁리
수면적 : 2만평

긴대가 필요없는 터

궁안지(宮安池)는 경기도권에서는 유일하게 붕어 양어장 낚시터로 만든 곳이다. 아산호 진위천 둑을 의지해서 하천부지를 파올려 근래에 수로식 낚시터로서 호면 폭이 넓은 곳은 40m, 좁은 곳은 10m정도로 긴 대를 쓸 필요가 없다.

낚시터 둘레에는 4백여개의 좌대가 설치되어서 앉을 자리도 편하다.

예전에는 아산호의 붕어를 둑 너머에서 사들여 낚시터에 그대로 방류해 붕어가 풍족했으나 요즘은 삽교호, 대호 그리고 충청남도와 전라북도 지방에서 붕어를 사다 넣고 있다.

어종은 붕어, 잉어, 향어, 양식 잉어등이며 붕어가 비중을 많이 차지하고 있다.

예전에는 아산호의 물을 끌어들였으나 근년에는 아산호의 수질이 악화되어 지하수를 퍼올리고 있다.

궁안지에서의 낚시는 긴대가 필요없고 평균 2.7m~3.6m 이하의 짧은 대가 사용된다.

미끼는 초봄과 초겨울에도 떡밥에 붕어가 낚이며 지렁이는 별로 쓰이지 않는다.

낚시터 주변에 방갈로, 원두막등 가족동반을 위한 시설도 갖춰져 있다.

관리실(전화 ; 0333-64-6407)에 식당도 있다.

■ 교통

경부고속도로 오산IC를 벗어나 ①번 국도로 일단 송탄시 외곽도로로 들어선 다음 서정역위 고가도로(고덕행)로 들어서는 340번 길로 우회전, 고덕길로 약7km를 달리면 궁안 삼거리다. 평택에서 오는 ㉘번 국도를

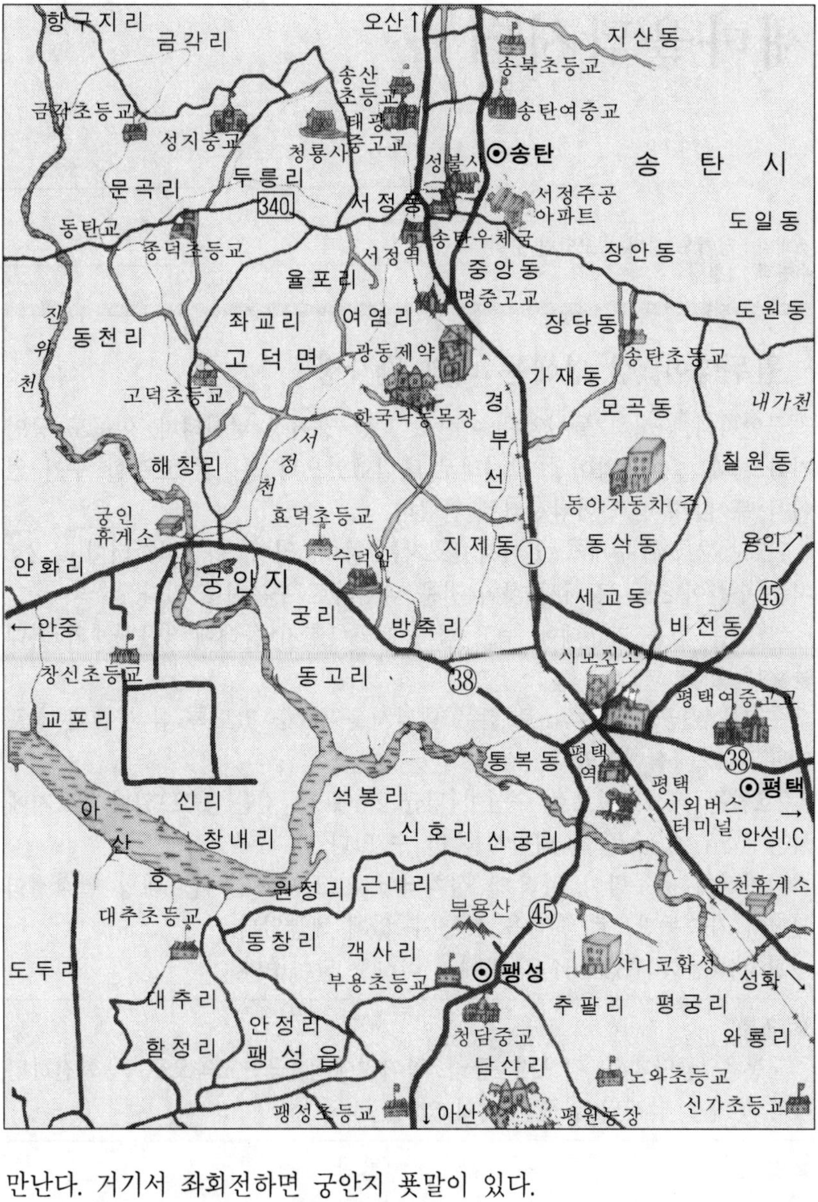

만난다. 거기서 좌회전하면 궁안지 푯말이 있다.

이웃 궁안교옆에는 새마을낚시터도 있다.

또 평택에서는 서해로 빠지는 ㊳번 국도로 달려 송탄에서 오는 지방도로와 만나는 궁리에서 입구에 이른다.

새마을낚시터

소재지 : 경기도 평택시 고덕면 궁리
수면적 : 4천평

원두막이, 섬 안에는 대형 팔각정

궁안지와 나란히 들어앉은 아산호 호반 양어장 낚시터다. 이곳도 궁안
지와 함께 붕어·양어장 낚시터로 출발했었으나 붕어를 보충할 수가 없
어서 붕어, 향어, 잉어낚시터로 변했다.

1호지, 2호지 두개가 있어서 1호지는 붕어, 잉어, 향어낚시터이고, 2호
지는 수심이 조금 깊어서 향어 전문 낚시터로 구분하고 있다.

1호지는 섬을 가운데에 두고 섬 둘레와 1호지 둘레에 약 1백개의 좌대
를 설치했다.

수심은 평균 1.5~1.7m로 짧은 대낚시를 할 수 있도록 섬 둘레에 창포
따위 수초를 심어놓았다.

2호지는 직사각형으로 수심이 평균 2m에 더 깊은 곳도 있다. 2호지에
서는 5.4m~6.3m로 긴 대낚시를 할 수 있다.

낚시터에 원두막이 여러 개 설치되어 있고, 섬 안에는 대형 팔각정이
있어서 가족동반으로 휴식을 취할 수 있게 해놓았다.

관리실(전화 ; 0333-64-5784)에서 식사도 맡아준다.

■ 교통
교통은 궁안지와 같으며 궁리 삼거리에서 궁안교쪽으로 우회전하면
다리 못가서 낚시터 입구 푯말이 있다.

■ 명소
□ 농성

팽성읍 사무소로부터 1.5km 서북쪽에 위치해있는 이 곳은 경기도 기
념물 제74호로 지정되어 있다. 이것은 삼국시대의 것으로 추정되며 높이

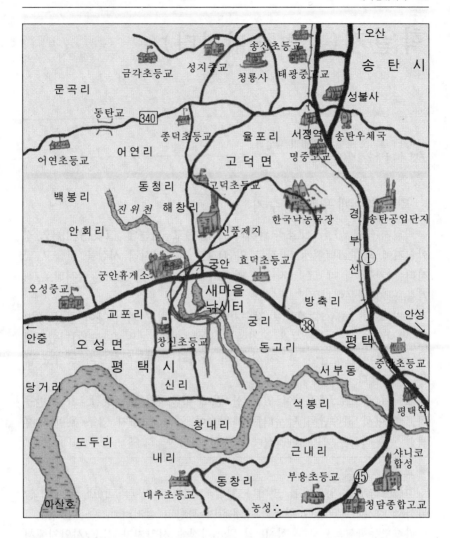

가 4m, 둘레가 약 300m이며 좋은 흙을 사용하고 견고하게 축성되어 그 보존상태가 양호하다. 축조된 동기에 대해서는 설이 분분하나 「여지도서 (輿地圖書)」에 의하면 백랑부곡민(白浪部曲民)의 거주지였다는 설이 유력 하다.

학일지(고초골 낚시터)

소재지 : 경기도 용인시 원삼면 학일리
수면적 : 1만 2천평(약4ha)

물 맑은 계곡형 저수지

학일지(學日池)를 '고초골 낚시터'로 부르고 있는데 그것은 1986년경 학일지에 좌대 1백여개, 방갈로 약 30개등 유료낚시터 시설을 만들고 낚시터 허가를 낼 때 그곳 저수지 골짜기 이름을 따서 고초골 낚시터로 허가를 냈기 때문이다.

수면 해발 120m의 계곡형 저수지라서 물이 맑고 차서 붕어 힘이 좋았던 낚시터다. 고초골낚시터 이전에는 붕어, 잉어 전용 유료낚시터였는데 지금은 붕어의 공급이 부족해서 향어 낚시터로 만들어졌으며 잉어도 굵은 것이 많다.

계곡이 숲으로 둘러싸여 있고 산 밑에 비둘기집같은 방갈로가 호반을 끼고 있어서 가족단위 낚시터로 불편함이 없다. 저수지 입구 호반에 휴게실, 원두막등도 있고 관리실에 식당도 있다.

■ 교통

영동고속도로 양지IC를 벗어나 백암~죽산~진천행의 ⑰번 국도로 들어서서 양지컨트리클럽 입구를 경유하여 좌항리 삼거리까지는 약 7km.

좌항초등학교쪽으로 우회전, 약 2km지점에 사암지가 있고 사암지에서 3km쯤 더가면 원삼(면소재지)이다.

원삼삼거리에서 우회전해서 포장길로 남서쪽방향으로 고초골 낚시터 푯말따라 약 2km를 들어가면 제방이 보인다.

또는 안성에서 서쪽 외곽에 있는 392번 지방도로를 쫓아 고삼지를 지나 동진하여 다시 북상하거나 안성 동쪽 339번 도로를 북상하여 고삼지 상류를 지나 392번 도로를 만나서 계속 북상하면 된다.

송전지(이동지)

소재지 : 경기도 용인시 이동면 어비리
수면적 : 98만평(약323ha)

경기도 제일의 수면적 저수지

송전지(松田池)는 1970년도에 축조된 경기도 내에서는 제일 큰 수면적의 저수지다. 송전지가 축조 직후는 전천후 낚시터로 숱한 붕어와 월척을 배출해서 '낚시천국'이라는 호칭까지 붙여졌었는데 송전지 상류쪽에 공업단지가 들어서고부터 진위천 상류가 공장폐수로 오염되었다.

1989년 8월 큰 비가 내리면서 공장지대에서 공장폐수를 방류하는 불법행위 때문에 송전지의 붕어와 잉어가 하루아침에 떼죽음을 하는 일대 불상사가 생겼다. 당시 독극물 공장폐수로 죽은 붕어와 잉어는 십수트럭으로 송전지는 죽음의 저수지로 변했고, 붕어 등이 썩는 냄새가 송전지 일대를 뒤덮었었다.

그후 송전지는 어느 정도 회생은 하였으나 예전 송전지 물이 아니라는 말들을 한다.

송전지는 수면적이 광활한데 비해서 앉을 자리가 많지않다. 주변이 산으로 둘러싸여 있어서다. 그래서 송전지는 옛날부터 좌대가 많다. 개인좌대는 거의 없어지고 4인용에서 10인승의 수상좌대가 수십개 떠 있다.

낚시터가 넓어서 유료낚시터(관리실 전화 ; 0335-33-3774)지만 대낚시, 릴낚시 등 모두 가능하다.

■ 교통

오산에서도 진입할 수 있고 용인에서도 진입한다.

오산에서는 용인행 302번 지방도로를 따라 고속도로 아래를 기준하여 약 11km 거리에 송전이 있다.

송전에서 안성·양성 방향으로 들어서면 송전지 상류다. 용인에서는 안성쪽으로 ㊺번 국도로 남향하여 약 12km 지점이 송전이다.

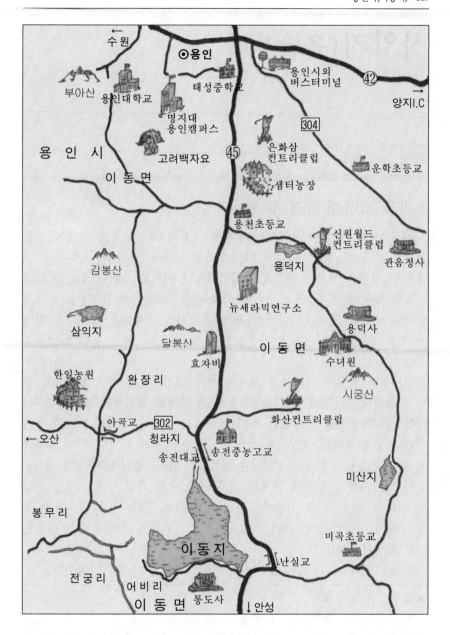

사암지 (용담지)

소재지 : 경기도 용인시 원삼면 사암리
수면적 : 11만 4천평

사철 낚시를 즐길 수 있어

1978년도에 축조된 사암지는· 현지에서 용담지로 부르고 있는데 연유를 알아본즉 옛날에는 지금의 사암지 우측 상류에 용담이란 큰 못이 있었으며, 지금은 부근이 논으로 개답되었으나 아직도 용담터 일부가 남아 늪으로 되어 있다. 그곳 용담터 부근을 마을사람들은 용담마을로 부르고 있다. 저수지가 생기고 3년째 겨울 얼음 낚시에 지렁이를 물고나온 잉어가 무려 78cm나 되어서 낚시꾼들을 놀라게 했다. 예전 용담에 머물고 있던 잉어로 추정된다.

수도권에 위치해 있어서 사암지는 서울 낚시인들이 매주 몰려들게 되자 마을에서 양식계를 조직하였고, 유료낚시터로 관리되기 시작했다. 어자원으로 떡붕어를 방류했던 것이 번식해서 지금은 재래종 붕어를 만나기가 힘들게 되었고, 떡붕어와 잉어가 주종을 이루게 되었다. 물이 깨끗하고 주변 환경이 수려해서 주말에는 가족동반 낚시가족이 많이 찾고 있다.

사철 낚시가 가능하며 봄에는 상류 우측(수몰 다리 안쪽), 예전 용담터 일대의 수초밭이고 가을에도 포인트가 되어 준다. 여름에는 제방 우측 중하류 관리실 앞쪽 그리고 상류에서 건너편으로 건너가 솔밭 앞쪽등 여름 밤낚시 포인트다.

관리실(전화 ; 0335-32-7328), 가겟집에서 간단한 식사를 맡아준다.

■교통

영동고속도로 양지IC를 벗어나 백암, 죽산방향으로 뻗은 ⑰번 국도를 따라 양지~양지리조트~광산휴게소를 거쳐 약 7km를 가면 좌항초등학교가 있는 좌항삼거리에 이르게 된다. 삼거리에서 우회전 원삼 방향으로 2km 쯤 가면 좌측에 사암지 제방이 있고 사암지 우측으로 호반길이 이

어진다.

■명소

□ 와우정사

연화산 기슭 3만평 부지에 있는 와우정사(臥牛精舍)는 1996년 해월 김해조 법사가 남북통일을 기원하기위해 조성된 사찰이며, 여기에 황농 10만근으로 10년에 걸쳐 만들었다는 황동장육존상 5존불과 높이 3m, 폭 2m, 무게 3톤되는 통일의 종이 있다.

용덕지(신원낚시터)

소재지 : 경기도 용인시 이동면 천리
수면적 : 7만 2천평(24ha)

수입메기 전문 낚시터로 두각

1959년도에 만들어진 계곡형 저수지로서 1970년대 샘골지라는 이름으로 많은 월척을 배출했다.

야산에 둘러싸여 있어서 경치도 빼어날 뿐 아니라 물이 맑고 차서 싱그러움을 느끼게 해주는 낚시터다.

용덕지는 냉수성 저수지의 특징이 두드러진 낚시터다. 붕어는 많이 있으나 잔챙이는 쉽게 눈에 띄이지않고, 산란기 상류에서 어쩌다 낚시대를 걸면 40cm급의 대물이다. 또 한가지 특색은 붕어가 곱추모양으로 등이 둥글게 튀어나왔고 산란기에 낚이면 등, 배가 둥글게 생겨 기형붕어처럼 보인다.

1980년 중반부터 유료낚시터로 관리되어 왔으나 붕어가 많이 낚이지 않아 결국 1990년대 들어서 폐쇄했다가 1994년 5월부터는 수입메기 전문 낚시터로 개장을 했었다.

관리실(전화 ; 0335-32-7634)에 부설된 식당에서 식사를 맡아 준다.

■ 교통

경부고속도로 수원IC에서 벗어나 용인행 ㊷번 국도로 동진하여 11km 지점이 용인이다. 시내에서 우회전 송전방향 ㊺번 국도로 6km지점의 샘골 삼거리에 있는 용천초등학교를 지나면서 좌회전 1.2km를 들어가면 제방과 만난다.

■ 명소

□ 정몽주(鄭夢周)선생 묘

고려말의 학자요, 충신인 포은 정몽주선생의 묘가 용인군 모현면 능원

리 양지바른 곳에 모셔져 있다.

삼인지(북리저수지)

소재지 : 경기도 용인시 남사면 북리
수면적 : 2만 8천 5백평(9.5ha)

항상 청결하고 조용한 분위기

1969년도에 축조된 삼인지는 화성군과 용인군의 경계선에 있는 오산 컨트리클럽 뒷쪽 화성산 계곡에 들어앉은 아담하고 깨끗한 저수지다. 수면 해발 90m의 높은 지대 저수지라서 물이 조금 차다. 그래서 물이 맑은 것이 조황에 다소 기복이 심했었는데 유료낚시터로 관리되면서 떡붕어와 양식잉어, 향어를 방류하고부터 철 따라 어종이 바뀌면서 입질을 해준다.

4월 산란기에는 떡붕어, 5,6월 물빼기철에는 향어와 양식잉어, 여름 밤낚시에는 재래종 붕어, 가을에는 잉어가 물린다. 물이 많은 때는 상류 수초밭이 으뜸 명당이고 물이 조금 빠지면 제방 건너 산밑 속칭 까치골이 명포인트다.

관리소에서 낚시터 오염행위, 무질서행위에 대해서는 까다로울 정도로 단속하고 있어서 낚시터가 항상 청결하고 조용하다.

가장 많이 낚이는 떡붕어는 준척급에서 37~38cm급으로 크고, 양식잉어와 향어는 평균 1.2~1.5kg급, 야생잉어는 60~80cm급도 낚인다.

관리실(전화 ; 0335-32-6795)에서 간단한 식사는 맡아주지만 민박은 어렵다. 수상좌대가 몇개 있고 접지좌대는 많다.

■교통

경부고속도로 오산IC를 벗어나 오산시내 북쪽에 있는 용인행 302번 지방도로로 오산 컨트리클럽 입구에 있는 석고개(화성군-용인군 군계)를 넘어 내리막길로 1.2km쯤 내려가면 좌측에 공장 굴뚝이 있고 삼거리가 있다. 그곳이 북리다. 거기 북리 삼거리에서 좌회전해서 개울 따라 약 1.2km를 들어가면 삼인동이며 제방이 높게 앞을 가로 막는다. 제방 우측

에 있는 집이 관리소다.

붕어는 일부 다처제

붕어는 암붕어 1백마리에 수붕어가 5, 6마리라는 엄청난 성비의 편차를 보여주고 있다. 암붕어가 월등히 많고 수붕어가 적은 것은 우리나라 뿐만 아니라 풍토가 다른 일본, 그리고 중국에서도 매한가지다.

몇해전 중국에서 발표된 붕어의 성비의 연구결과에 의하면 몸 길이가 3cm, 4cm때의 치어때는 수붕어가 전체의 70%로 수붕어쪽이 수(數)가 훨씬 우세하다가 한겨울을 지내고 체장이 6, 7cm때에는 수붕어의 수가 40%로 급격히 줄어들고 10cm 전후로 자라는 과정에서 수붕어는 5, 6%선으로 격감한다는 것이다.

실험관찰 결과 수붕어는 자연환경의 변화에 대한 저항력이 약해서 먹이부족, 수온 부적당, 산소 부족등을 이겨내지 못하고 자연도태되어 겨울동안에 얼어죽는 붕어는 대부분 수붕어였다고 한다. 따라서 한국·일본·중국의 붕어는 모두 일부다처제를 누리고 있는 것이다.

신갈지

소재지 : 경기도 용인시 기흥읍 고매리
수면적 : 69만 3천평(229ha)

서울 낚시인의 관심 집중

신갈지(新葛池)는 1960년대에서 1970년대 중반까지만 해도 교통 편리
하고 물맑고 고기가 많은 낚시터로 이름난 곳이었다. 그러던 1970년대
후반부터 상류쪽에 공업단지가 들어서면서부터 물이 오염되기 시작하였
고 낚시인들로부터 외면을 당해왔다.

신갈지는 송전지, 고삼지와 함께 경기도 내에서는 가장 큰 저수지였으
며, 낚시터로도 충주호의 조황을 능가할 만큼 호황을 보여주었던 명낚시
터였다.

그후 1985년경부터 유료낚시터로 관리되기 시작했으나 수질은 개선되
지 못했다. 최근에 와서 공장들의 오폐수 무단방류가 강력 조치되면서
다소 수질이 호전되고 있으나 아직은 그리 많이 찾지 않는 낚시터다.

경부고속도로 수원IC를 지나면서 낚시인들의 시선을 끄는 신갈지가
좀더 앞으로 수질이 개선되고 서울의 낚시인들이 주말이면 찾는 휴식공
간으로 거듭 태어나기를 바라는 마음 간절하다.

■ 교통

경부고속도로 수원IC를 벗어나면서 좌측길로 들어서서 남진하면
2.5km지점에 제방 좌측권 상류가 된다. 수원IC를 벗어나 고속도로 밑으
로 들어서면 기흥이다. 기흥에서 고속도로와 병행하는 393번 지방도로를
따라 약 3km를 달리면 제방 우측 상류에 이른다.

■ 명소

□ 한국민속촌

소재지 : 용인시 기흥면 보좌리

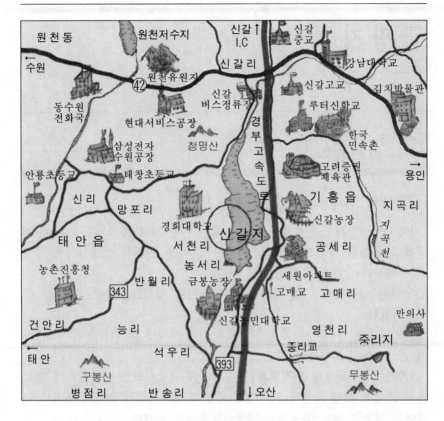

원천동　　　원천저수지　　　신갈↑　　신갈
　　　　　　　　　　　　　　　I.C　　　중교
←수원　　　　　　원천유원지　　　신갈리　　　　　강남대학교
　　　　42
　　　　　　　　　신갈　　　신갈고교　　　김치박물관
동수원　　　　　　버스정류장　　루터신학교
전화국　　현대서비스공장
　　　　삼성전자　　청명산　　경　　　　　한국
　　　　수원공장　　　　　　부　　　　　민속촌
안룡초등교　　태창초등교　　고　　고려증권
　　　　　　　　　　　　　속　　체육관　　　　→
　　신리　망포리　　　　　도　　기흥읍　　　용인
　　　　　　　경희대학교　　로　　신갈농장　　지곡리
태안읍　　　　서천리　신갈지　　　　　　지
　　　　　　　　농서리　　　　공세리　　곡
농촌진흥청　　　　　금봉농장　　　　　　천
　　　　　반월리　　　　　세원아파트
　　　343　　　　　　　　　고매교　고매리
건안리　　능리　　　신갈농민대학교　　　　　만의사
　　　　　　　석우리　　　　영천리　중리지
←태안　　　　　　393　　　　중리교
　　구봉산　　　　　　　　　　　무봉산
병점리　　반송리　　↓오산

　무봉산을 등지고 지곡천이 흐르는 밤골을 따라 동서로 형성된 이곳은 30여만평의 부지에 조상들의 손때가 묻어있는 각종 생활기구와 공예품 그리고 각 지방의 관가·민가·반가 등이 마련되어 있어 가족단위로 찾기에 좋고 특히 어린이들에겐 산 교육장이다.

■별미

　□상호명 : 금촌집
　소재지 : 용인읍 김량장리 133
　전　화 : 0335-35-3808
　20여년간 들짐승과 산새요리의 독특한 맛을 개발해온 금촌집의 별미는 얼큰한 국물맛의 멧돼지주물럭. 꿩요리, 메추리구이도 일품이다. 용인극장과 용인초등학교 사잇길로 상가 앞에 위치해 붐비지만 초등학교 앞에 주차장이 준비되어 있다.

금광지

소재지 : 경기도 안성시 금광면 금광리
수면적 : 45만 5천평(153ha)

안성의 진산 서운산의 물을 받아

1965년도 경기도와 충청북도의 도계인 서운산(瑞雲山 : 547m) 북쪽 계곡에 만들어진 저수지가 금광지이다. 서운산은 안성의 상징산이며 안성은 서운산의 슬기를 안고 있다고 한다.

당시는 금광지가 고삼지(84만평) 다음으로 경기도 내에서 손꼽는 큰 저수지였다.

1970년대에 들어서서 금광지가 호황을 누리기도 했으나 물이 맑고 차서 피라미의 성화가 대단했다.

1970년대 후반부터 양식계가 조직되어 유료낚시터로 개장했으나 낚시자원 조성을 위해 방류한 떡붕어가 자생 번식해서 지금은 토종붕어와 떡붕어의 균형이 깨져 금광지가 떡붕어낚시터로 되었다.

매년 4월 중순쯤에는 떡붕어가 산란철을 맞으면서 멍텅구리 낚시에 걸려나오는데 이때는 38~40cm 대형이 수없이 낚인다.

금광지는 V자형의 두 줄기 계곡이라서 제방 밑에서 각각 진입로가 갈라진다. 제방 좌측권을 오흥리이며 수심이 완만한 곳이 많아 봄낚시터이고 우측권은 중대천(옥정리)으로 불린다.

중대천은 상류가 두 곳으로 나뉘어져서 두 상류가 봄 낚시터다. 그런데 금광지는 몽리면적이 넓어서 상류가 쉽게 드러나고, 비가 오면 쉽게 물이 채워지게 된다. 중류천은 물이 빠진 다음의 밤낚시터다.

어종은 떡붕어, 붕어, 잉어 그리고 가두리에서 빠져나온 향어가 약간 있다.

계절에 따라 수상좌대가 포인트에 옮겨진다.

관리소(전화 ; 0334-72-8850)에서 식사를 맡아주며 민박집도 몇 집 있다.

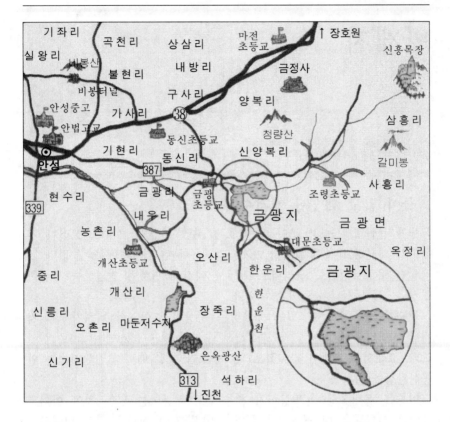

■ **교통**

　안성시내에서 동쪽(387번 지방도로)으로 약 4km지점이 금광면 소재지
이고 거기서 제방이 보인다.

　우측이 중대~옥정리길이며 충청북도 진천면 이월로 이어지고, 좌측길
은 오흥리를 거쳐 삼흥리까지 들어간다.

■ **별미**

　□ 고려회관

　소재지 : 경기 안성시 금광면 금광리

　전　화 : 0334-73-3737(주인 이겸수)

　금광지 우측 하류 호반에 있는 매운탕 전문집으로 유명하다.

반제지

소재지 : 경기도 안성시 공도면 반제리
수면적 : 3만 5천 6백평(11.7ha)

물이 맑고 깨끗한 옛저수지

반제지(盤諸池)는 1946년도에 축조된 50년 지령의 고지다. 그러나 저수지가 깨끗하고 물이 맑아서 옛저수지같은 분위기는 찾아볼 수 없다.

일반 유료낚시터로 관리되고 있어서 예전 불편했던 진입로는 말끔히 포장되어서 낚시터 출입이 편해졌다.

저수지 상류쪽 논이 있는 수초밭은 하상이 높아져서 낚시가 안되자 지난 1995년 겨울, 상류권을 준설해서 수심이 평균 1.5m에서 2m로 깊어졌다. 그래서 수초밭이 없어졌으므로 수초가 생길 때까지 산란기에는 인공산란장을 설치했다.

어종은 붕어·잉어·떡붕어가 주종이다. 떡붕어는 넣은 것이 아니고 붕어를 사다넣을 때 떡붕어가 섞여 들어간 것이 산란을 하고 번식하여 많이 올라오게 되었다.

포인트는 상류에서 제방으로 이어지는 길 밑으로 설치해놓은 좌대이고 여름과 갈수기에는 수상좌대에서 잘 낚인다.

건너편 산 밑은 만수때는 앉기가 어렵고 물이 빠지면 좌대가 옮겨진다. 관리실(전화;0333-53-2691)에 식당과 매점이 있다.

■ 교통

경부고속도로 평택·안성 IC를 벗어나 ㉞번 국도로 동쪽 안성을 향해 우회전 고속도로 밑을 통과하면 공도면소재지다. 학교 옆으로 좌회전 약 3km 들어가면 좌측에 낚시터입구 간판이 있다. 거기서 좌회전하면 된다.

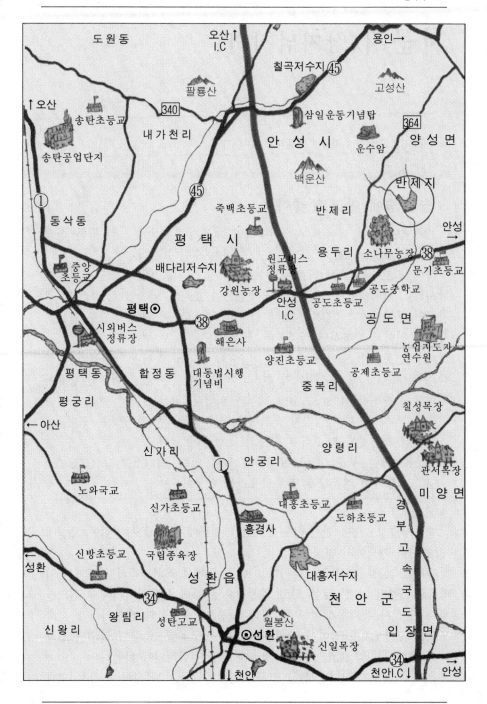

지문지(상지낚시터)

소재지 : 경기도 안성시 원곡면 지문리
수면적 : 2만평(7ha)

솔밭 숲에 야영도 좋아

1985년에 둑이 막아진 사생저수지인 지문지(芝文池)는 야트막한 산계곡이지만 제방을 30m가량으로 높게 쌓아서 수심이 깊다.

물이 맑고 차서 낚시터로는 찾는 이가 없었는데 1990년경에 일반유료낚시터로 관리하면서 낚시객을 유치했으나 조황이 안좋았다. 그런데, 현 관리인 문영섭씨가 1994년 4월에 인수하면서 저수지 옆에 식당도 만들고 붕어와 잉어를 방류하면서 조황이 좋아졌다.

어종은 붕어(15cm에서 준척급), 잉어(30~45cm) 뿐이며 상류쪽에 건물식 연좌대(30cm)와 접지좌대가 설치되어 있는데 저수위가 아니면 중류이하의 낚시는 수심 4,5m로 깊어 낚시가 어렵다. 낚시는 저녁 해질 무렵과 아침 5시부터 9시까지 입질이 잦고 한낮이나 밤낚시는 잘 안되는 편이다.

낚시터 하류쪽에 약 3백평 규모의 솔밭숲이 있어서 텐트를 칠 수 있다. 상류쪽에는 무료 원두막이 3개나 놓여 있다. 관리소(전화 ; 0333-656-4610) 식당에서 매운탕류, 토종닭요리를 만들어 준다.

■ 교통

행정구역상으로는 안성시에 속하지만 평택에서 가깝고 진입은 오산에서 하거나 평택에서 한다.

경부고속도로 오산IC를 벗어나 ①번 국도에서 좌회전해서 약 2백m 지점에서 387번 지방도로를 타고 양성행으로 들어가는 삼거리에서 좌회전한다. 금성사 평택공장 입구를 지나쳐 경부고속도로와 병행하다가 고속도로를 고가도로로 넘어서 진위천을 건너 한국공업표준협회 연수관 입구까지 오산에서 약 9km. 거기서 2km쯤 더가면 삼거리가 나온다.

우측에 지문지(상지낚시터) 입구 푯말이 있다. 그곳에서 우회전 고개

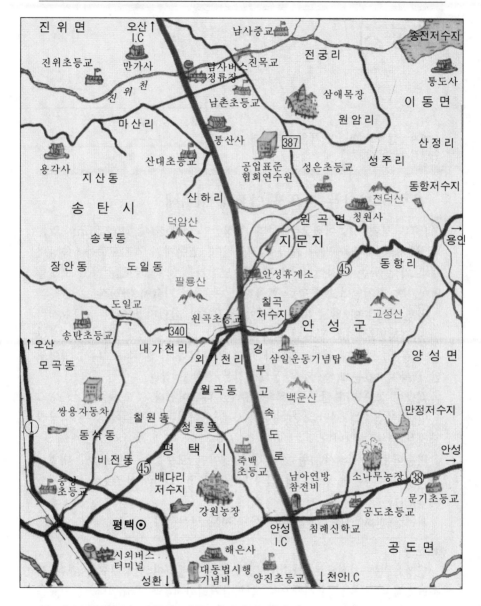

를 넘으면(1.5km) 지문지 상류 관리실이 나온다.

 송난 서성동(삼육보육원 앞길) 또는 평택시내 경찰서 사거리에서 ㊺번
국도로 원곡면 소재지까지 들어가서 북동쪽으로 지방도로로 경부고속도
로 밑을 지나 2.5km 들어가도 된다.

청룡지

소재지 : 경기도 안성시 서운면 청룡리
수면적 : 3만 5천평

삼도가 만나는 서운산 엽돈재 기슭에

1974년도에 만들어졌고 안성의 상징산인 서운산(瑞雲山 · 547m) 엽돈재 산 기슭 계곡을 막은 계곡형 저수지다. 엽돈재는 경기 · 충북 · 충남의 세 도가 만나는 지점이며, 이 고개를 넘어가는 ㉞번 국도를 타고 고개를 넘어가면 진천땅이고 유명한 백곡지가 재 너머 기슭에 자리잡고 있다.

청룡지는 물이 맑고 차서 낚시에는 기복이 심했지만 일반 유료낚시터로 관리되면서 최초 방류한 떡붕어와 매년 방류하고 있는 잉어가 자생해서 떡붕어, 잉어가 많다. 게다가 향어 가두리까지 설치되고 나서 향어도 많이 빠져나갔는데, 큰 것은 물돼지같은 거물도 있다.

제방이 높으면서 짧고, 상류가 좌우로 나뉘어졌다.

연중 포인트는 제방을 건너 청룡사로 이어지는 호반길에 있는 식당겸 관리실 옆 수초밭이다.

떡붕어는 자생해서 4월 산란기에 낚이면 모두 38~40cm급의 대형이다. 잉어는 가을에 낚이는데 감자미끼를 쓰면 60cm에서 90cm급의 거물이 낚인다.

관리실(전화 ; 0334-73-4936)에서 식사도 맡아준다.

■ 교통

안성읍내를 기점으로 339번 지방도로로 남행하여 안성대교를 건너 서운면소재지 경유 청룡사행으로 산평삼거리까지 약 11km이다. 산평교를 건너 진천행 ㉞번 국도로 들어서서 약 2km를 언덕길로 올라가면 청룡지 제방이 나타난다.

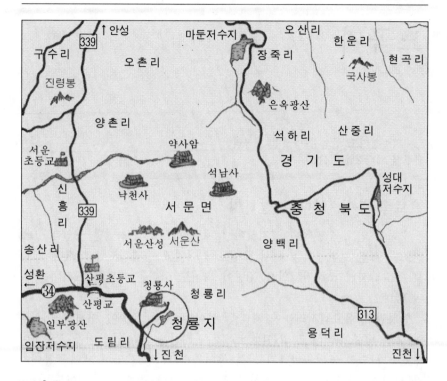

■명소

□ 청룡사

안성읍에서 남쪽으로 16km 떨어진 서운산 기슭에 있는 청룡사는 고려 원종 6년(1265년)에 명본국사(明本國師)가 대장암을 창건, 그후 공민왕 13년(1364) 나옹화상(懶翁和尙)이 대가람으로 세우고 청룡사라고 이름을 붙였다. 대웅전 앞에는 창건 당시 명본국사가 세웠다는 3층석탑이 있고, 대웅전 안에는 조선 헌종 15년(1674)에 주조된 범종이 있다.

남사당의 본거지와 전설로도 유명한 사찰이다.

□ 서운산성터(瑞雲山城址)

청룡사 뒤 서운면 동남쪽 약 2km에 있는 서운산 산정에 쌓은 성이다. 홍계남(洪季男) 장군과 이덕남(李德男) 장군이 왜적을 막기위해 쌓은 성으로 둘레가 약 7백m. 산성을 좌·우로 나누어 좌성산·우성산으로 부르고 있는데 홍장군은 성 왼쪽을, 이상군은 성 우측을 축성했다는데서 비롯된 말이다.

노곡지

소재지 : 경기도 안성시 양성면 노곡리
수면적 : 1만 2천평(4ha)

토종 붕어, 잉어의 별천지

수심이 얕고 수면적이 크지않아서 매년 바닥을 드러냈던 곳인데 1985년도에 제방 보완공사를 해서 수심도 깊어지고 수면적도 넓어졌다. 그리고 유료낚시터가 허가되면서 10년이 되어도 아직은 바닥을 드러내는 일이 없다.

안성권의 유료낚시터들이 재래종 붕어의 자원 조성이 어렵자 번식률이 좋은 떡붕어를 넣고 있는데 노곡지 관리인은 재래종 붕어를 고집하여 대호지나 멀리 호남지방까지 가서 붕어를 사다 넣고 있어 재래종 붕어가 잘 낚인다. 잉어도 치어와 성어를 곁들여 방류하고 있어서 잉어도 40cm급에서 70cm급이 낚인다.

물이 깨끗하고 주변 경관이 빼어나서 가족동반 낚시인들이 많이 찾고 있으며 낚시터에 가족놀이터와 방갈로도 완비되어 있다.

포인트는 제방 우측 하류권 관리실 앞쪽 논둑을 끼고 명당터가 몇자리 있고 봄에는 건너편 상류 수초를 끼고 앉으면 된다. 저수지 요소요소에 접지좌대가 있어서 앉기가 편하다.

낚시터에 식당이 있어서 붕어요리(찜, 매운탕 등)와 토종닭요리 등을 실비로 먹을 수 있다. 관리실 전화는 0334-72-2131번이다.

■ 교통

송전까지는 용인에서 ㊺번 국도로 남행해서 송전지 교통편과 같다. 송전에서 안성쪽으로 ㊺번 국도를 계속 5km쯤 달리면 고삼으로 갈라지는 난실 삼거리가 있다. 난실교를 건너 거기서 좌회전 약 2.5km를 들어가면 노곡삼거리다. 좌측으로 가면 미리내로 가는 길이고, 우측길로 꺾어지면 노곡지 제방이 보인다.

■ 명소

□ 안성맞춤 유기공방

소재지 : 안성시 봉남동 7-1 전화 : 0334-2-2590

'안성맞춤'이란 말이 생길 정도로 정교하고 단단한 놋그릇으로 유명했던 안성이지만, 지금은 안성전신전화국 맞은편의 김근수옹이 운영하는 '안성맞춤 유기공방'만이 그 맥을 잇고 있을 뿐이다. 이 곳에서는 각종 장식품을 살 수도 있고 제작과정을 견학할 수도 있다.

미리내지(미산지)

소재지 : 경기도 안성시 양성면 미산리
수면적 : 6만평(20ha)

김대건신부 모신 미리내 성지 입구

본래 이름은 미산지(美山池)인데 우리나라 최초의 신부인 성 안드레아 김대건의 묘소를 모신 미리내 성지(聖地) 입구에 위치하고 있어 미리내 지로 통하고 있다. 미리내지가 축조된 것은 1984년으로, 예전 보가 있었 던 자리에 제방이 생기면서 저수지가 준공한 이듬해부터 월척붕어가 낚 였던 별난 낚시터다.

미리내 성지는 주위를 감싸고 있는 쌍령산(雙嶺山 ; 485m)과 시궁산(時 宮山 ; 515m) 등의 가파른 산에서 흘러 내리는 맑은 물이 담겨지고 있고 울창한 숲이 호수에 그림자를 드리우고 있어서 한폭의 그림같다.

1988년도에 유료낚시터로 허가를 내고 잉어 등 어자원을 상당량 조성 했으나 1989년경 폭우로 저수지가 범람하는 바람에 많은 양의 잉어, 붕 어가 빠져나갔다.

물이 맑고 깨끗해서 붕어가 낚시에 걸리면 힘이 장사. 그러나 산비 탈로 낚시터가 많지않고 피라미의 성화도 심해 낚시터가 10년이 되었으 나 아직도 불출의 낚시터로 조용하기만 하다.

포인트는 휴게소가 있는 소나무 숲을 내려가서 후미진 하류쪽의 완만 한 집터자리가 명당이다. 낮 낚시보다는 밤 낚시를 해야한다.

식사는 휴게소 매점에서 맡아준다.

■ 교통

송전까지는 송전지 교통편과 같이 용인에서 ㊺번 국도를 탄다. 송전에 서 안성쪽으로 5km쯤 달리면 고삼으로 갈라지는 난실 삼거리다. 거기서 좌회전 약 2.5km를 들어가면 노곡리 삼거리다. 우측길은 고삼행 392 번 지방도로이고 좌측길이 미리내로 가는 길이다. 거기서 약 3km를 더 들어

가면 높다란 미리내지 제방이 있다. 제방 우측길로 들어서면 좌측에 휴게소 매점이 있고 주차장이 있다.

미리내성지는 제방 우측에 올라서면서 있는 넓은 공간의 주차장에서부터 시작된다.

■명소
□미리내 성지

저수지 우측길로 약 3km를 들어가면 높다란 미리내 성당이 있고, 우측길로 들어서면 좌측에 휴게소 매점과 주차장이 있는데 여기부터가 미리내 성지이다.

미리내는 '은하수'라는 순수 우리말로 천주교 성인 안드레아 김대건 신부의 묘지와 한국 순교자 103위 시성 기념성전 등이 있으며 미리내지와 쌍령산이 어우러진 아름다운 자연속에서 조상의 얼을 되새길 수 있다.

만수터지(만정지)

소재지 : 경기도 안성시 공도면 만정리
수면적 : 7만 1천 9백평(26ha)

산란기에 논을 끼고 좌우 수수밭

만수터지는 원 이름이 만정지(萬井池)로 일제시대인 1944년경에 만들어졌다.

저수지 주변이 과수원과 농장으로 개간된 야산으로 둘러싸여 있고 저수지 좌측 야산이 솔밭 숲으로 덮여 있어서 저수지가 아름답게 보인다. 그러나 저수지가 만들어진지가 50년이 지났고 수심도 얕은 데다가 바닥에 감탕이 누적되어 수질이 깨끗치 않다.

유료낚시터로 관리된지 10년이 넘어 저수지는 바닥을 드러내지 않고 있어서 붕어, 잉어는 많지만 누적된 감탕의 영향으로 예전같이 입질이 좋지않은 편이다.

적기는 4월 산란기로 논을 끼고 있는 좌·우 상류권 수초밭 얕은 곳을 노려야 한다. 가을에는 제방에서 마주 보이는 솔밭 밑에서 긴대로 들깻묵가루 미끼를 쓰면 된다.

여름 제방에서 떡밥 낚시대 입질이 좋은 편인데 제방이 오래되고 낮아서 석축이 무너져 내린 곳이 많다. 가급적이면 제방낚시는 안하는 것이 바람직하다.

낚시터 주변에 낚시인을 위한 방갈로와 식당이 있다. 어종은 붕어, 잉어, 떡붕어 등이다.

■교통

경부고속도로 안성IC를 벗어나 ㊳번 국도로 고속도로 밑을 통과, 안성쪽으로 들어서면 공도다. 공도에서 1.8km쯤 가면 약간 언덕길 좌측 야산으로 올라서는 시멘트 포장길이 만수터로 들어서는 길이고 그곳이 만가대다. 좌회전해서 과수원 사잇길로 약 1km를 들어가면 우측에 만수터지

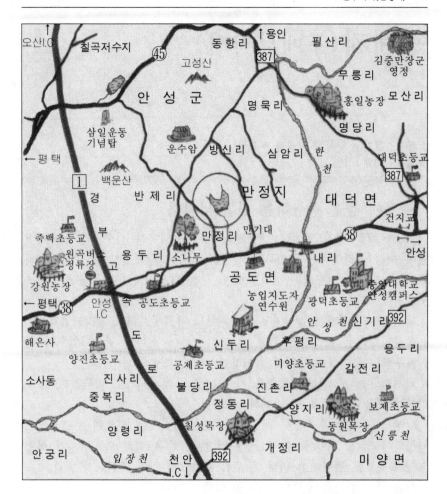

가 내려다 보인다.

■ **명소**

□ 대림 공원

소재지 : 경기도 안성시 공도면 마정리

안성시에서 서쪽으로 6km 지점에 있는데 울창한 숲과 잘 정리된 잔디밭, 숲속의 미로같은 길이 인상적이며, 여름에는 보트장과 수영장도 운영하고 있어 가족이나 연인들의 피크닉 장소로도 인기가 높다.

광혜지 (두메낚시터)

소재지 : 경기도 안성시 이죽면 두교리
수면적 : 10만 7천평

충북에 물을 공급하는 경기 낚시터

1988년 7월 경기 안성군의 칠현산 계곡을 막아서 저수지가 만들어졌는데 수리 몽리면적은 충청북도 진천군 만승면 광혜원지 일대에 위치하고 있어서 결국 저수지는 경기도에 있고 물은 충청북도로 공급되고 있는 저수지다.

낚시는 저수지가 만들어지고 이듬해부터 유료낚시터로 관리되었다.

유료낚시터로 관리하기 위해 최초에는 붕어 성어가 방류되었으나 다음해부터는 향어가 방류되어 양어장낚시터로 체제를 바꾸었다.

낚시터 이름도 광혜지(廣惠池)가 아니고 두메낚시터로 바뀌었다. 두교리 두메마을의 이름을 딴 것이다.

낚시터는 제방 우측에서 상류 두메교로 이어지는 도로변을 중심으로 형성되어 있다. 제방이 높아서 만수위 때는 중류 이하권은 낚시가 어렵고 상류권으로 돌아서야 한다. 중수위 때는 중류권에 포인트가 많다.

상류 관리실(전화 ; 0334-72-7838) 옆에 식당이 있다.

■ 교통

중부고속도로 일죽IC를 벗어나 서쪽으로 ㉘번과 ⑰번 국도를 이용하여 죽산까지 간 다음 죽산에서 진천행 국도로 약 9km를 남진해서 경기, 충북 도계에서 우측을 쳐다보면 길이 있고 광선초등교학교 옆으로 들어가는 길이 있다.

제방 우측길로 올라서면 상류까지 들어간다.

■ 명소

□ 칠장사

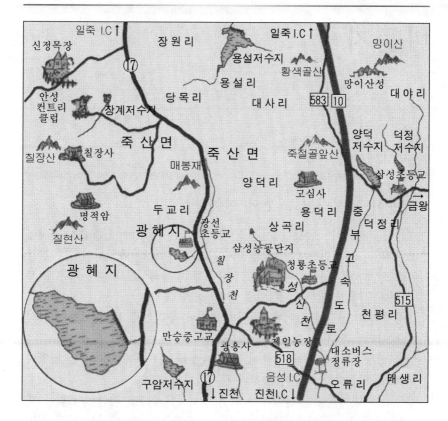

이죽면 칠장리 북쪽의 칠현산 기슭에 위치한 칠장사는 고려 충렬왕 34년(1308)에 창건되었다고 하나 이보다 훨씬 앞선 7세기부터 시작되었다.

그후 고려 현종 5년(1014) 혜소국사 정현이 크게 중수했으며 그뒤에 몇차례 증축하여 오늘에 이르고 있다.

전체적으로 청정한 분위기를 자아내고 있으며 입구의 철당간지주와 해학적인 느낌을 주는 천왕문의 사천왕상, 부도군 등이 있다.

혜소국사비가 보물 제488호로 많은 문화재가 있으며 대웅전을 비롯하여 원통전, 영각, 요사채, 천왕문등 가람의 규모가 적지 않다.

마둔지

소재지 : 경기도 안성시 금광면 마둔리
수면적 : 12만 3천평

떡붕어 낚시터로 최고의 인기

마둔지(馬屯池)는 금광지 서쪽을 가리고 있는 금강산(188m)을 사이에 두고 1975년도에 만들어진 계곡 저수지다. 1979년경 유료낚시터로 만들기위해 안성지역에서는 처음으로 떡붕어가 방류되었으며 마둔지는 떡붕어 서식에 적합한 맑은 물로 인해 급성장하였다.

1981년에서 1983년 사이에 떡붕어 월척이 무더기로 낚여 마둔지가 떡붕어 낚시터로 인기를 얻기 시작했다.

당시 안성 낚시인 중에 떡붕어 35~38cm급을 하루에 50여수를 낚았다는 사람도 있을만큼 떡붕어 월척이 풍성하다.

지금도 매년 4월중순 산란때가 되면 수심 1.5m~2m 미만 수초밭을 끼고 떡붕어가 모여든다. 떡붕어는 저수지 중간층을 떠 다니는 주층어(宙層魚)지만 산란때는 수초가 있는 바닥으로 내려오게 된다.

떡붕어 대어는 50cm급이 많이 낚여 4월 중순에서 하순사이에 성시를 이룬다. 이밖에 붕어와 잉어가 있다.

현재는 일반 유료낚시터로 관리되고 있다.

■ 교통

안성읍내에서 안성천을 건너 313번 지방도로로 들어 마둔낚시터 안내 푯말 따라 남동방향으로 약 5km를 들어가면 산 계곡 뒤편에 제방이 있다.

■ 별미

□ 안일옥

소재지 : 안성시 동본동 520

전　화 : 0334-675-2486

　우리나라 3대 장터의 하나로 꼽히던 안성장터에서 3대에 걸쳐 60여 년 동안 국밥 장사를 해온 곳으로 설렁탕이 별미다.

용설지

소재지 : 경기도 안성시 이죽면 용설리
수면적 : 16만 2천평(54ha)

자동차 순환도로로 진입 용이해

경기도와 충청북도의 도계를 이루는 3백m~4백m의 산맥 산 속 분지를 이루는 곳에 제방을 막아 만든 중형 저수지인 용설지(龍舌池).

해발 1백m의 높은 지대에 저수지가 들어 앉아 있고 완만한 경사와 논밭이 수몰된 곳에 담수가 시작되면서부터 붕어가 마리 수로 낚이는 호황을 보여주었다.

저수지가 만들어지기는 1984년도로 10년 세월이 훨씬 흘렀으나 크기에 비해 잔챙이만 낚이고 있다. 용설지에도 향어 가두리가 설치되었으나 향어의 입질도 확실하게 보여주지 못했다.

1993년부터는 유료낚시터로 허가되어 붕어, 잉어, 향어가 주어종을 이룬다.

용설지는 저수지를 한바퀴 돌 수 있는 자동차 도로가 개설되어 있어서 포인트 진입이 용이하다.

도로 요소요소에 가겟집 그리고 낚시인을 위한 밥집도 있어 숙식이 어렵지 않다.

관리실 전화는 0334-676-8667번이다.

■교통

중부고속도로 일죽IC를 벗어나 ㊳번 국도를 따라 서진하여 죽산 방향으로 1km쯤 가면 제2죽산교가 있다. 다리를 건너지않고 둑길로 좌회전하여 길을 따라 3km쯤 남진하면 용설지 제방이 나타난다.

■명소

□ 죽주산성

안성읍에서 동북쪽으로 17km 떨어진 이죽면 매산리 비봉산에 위치한

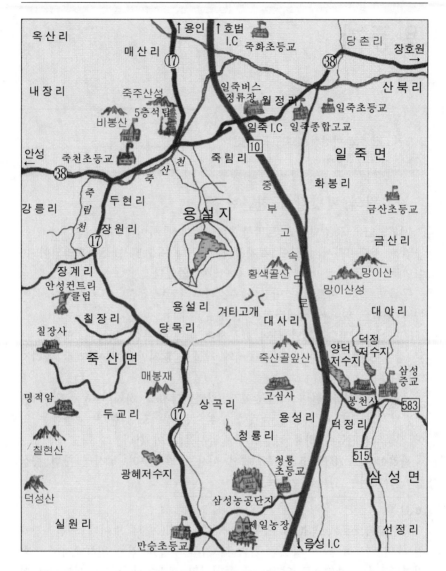

죽주산성은 본성 1,690m, 외성 1,500m, 내성 270m의 3겹 석성으로 우리 민족이 외침의 수난을 극복한 전적지이다. 축성연대에 관한 정확한 기록은 없으나 삼국시대의 것으로 추정되며 그 후 보수·증축시켜왔다.

용설지에서 북쪽으로 ⑰번 국도 옆으로 있어 접근하기 쉽고, 가을에 산책에 좋다.

용풍지

소재지 : 경기도 이천시 장호원읍 송산리
수면적 : 7만 5천평

장호원의 뒷밭같이 친근한 곳

1946년도에 축조되어 야트막한 야산과 야산 사이에 둑을 쌓아서 만든 농업용 저수지라서 수심이 깊지않다. 그러나 유료낚시터로 관리되어 10여년동안 가뭄으로 바닥을 드러내는 일이 없었다.

구릉으로 된 야트막한 야산에는 소나무가 무성하고 좌측 상류 구석에는 과수원도 있어서 낚시터의 경관이 수려하다.

50년이 된 저수지지만 물이 깨끗하며 어종은 붕어, 떡붕어, 잉어 등으로 잡어도 있다. 잉어는 70, 80cm의 거물도 많지만 낚시에는 잘 물리지 않는다.

초봄에는 상류 물골 수초밭에서 지렁이낚시를 하지만 용풍지에서는 떡밥낚시가 잘되고 떡밥에 들깻묵을 섞으면 잉어도 낚는다. 가을에는 잉어 전문낚시인들이 하류 산밑에서 릴낚시를 많이 한다.

관리실(전화 ; 0336-642-3447)에서 식사도 맡아주며, 낚시터 주변 중상류 민가에서는 민박도 가능하다.

■ 교통

중부고속도로 호법IC나 영동고속도로 이천IC에서 벗어나 이천~장호원 ③번 국도를 타고 장호원 거의 다 가서 우측에 있는 원하교에서 우회전한다. 남서 방향으로 약 1km를 들어가면 제방이다. 국도에서는 제방이 잘 보이지 않지만 원하교에서 포장길로 들어서면 제방이 보이며 상류까지 도로가 이어진다.

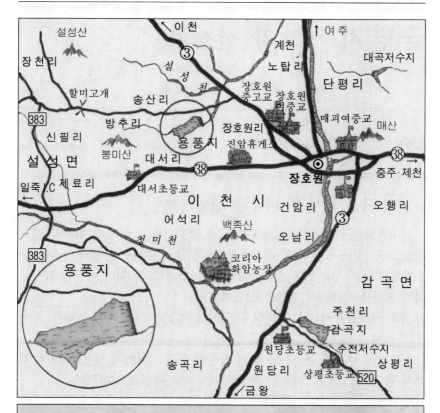

깜찍한 살인 물고기 —칸딜

남미 브라질의 강 또는 호수에는 길이 약 1cm의 '칸딜'이라는 아주 작은 물고기가 있다. 이 칸딜은 흔히 볼수 있는 피라미의 갓 부화된 새끼처럼 생겼으며 너무 작아서 쉽게 눈에 띄지 않는다. 그런데 이 칸딜이 서식하는 강이나 호수에서 알몸으로 목욕을 하면 칸딜이 나타나 남자의 성기 요도로 침입한다는 것이다. 칸딜은 일단 성기 요도에 머리가 들어가면 비늘과 등가시의 작용으로 후퇴는 안되고 전진만 하게 되어 이 칸딜이 방광에 도달하면 치명적이며 사람은 죽게 된다고 한다.

칸딜의 피해를 아는 브라질 국민들은 성기에 콘돔을 씌우는 등 방어책을 강구하겠지만 이 사실을 모르는 관광여행객들이 덥다고 생각 없이 알몸으로 물에 뛰어 들어갔다가는 영락없이 1cm의 작은 물고기에 힘없이 희생된다고 하니 에이즈보다 더 무서운 성기의 수난시대다.

금당지(성호지·설성지)

소재지 : 경기도 이천시 설성면 금당리
수면적 : 10만 5천평(35ha)

씨알 굵은 봄낚시, 여름은 밤낚시로

만수면적 10만 5천평으로 1958년도에 축조되었다. 저수지 이름이 성호지로 되어 있으나 금당지, 설성지 등 여러 개로 불리우고 있다. 1970년대 후반에서 1980년대 초반 많은 월척을 쏟아내서 조력 20년 이상의 낚시꾼이면 이곳 금당지에서 손맛은 보았다.

지금은 유료낚시터로 관리되고 있어서 예전같이 화끈한 조황은 보여주지 않지만 꾸준함을 보여주고 있다.

저수지가 평지에 들어앉아 있지만 수면 해발이 90m의 높은 지대에 있어서 물이 찬 편이고 마리수 위주보다는 씨알 위주의 낚시터다.

주변이 모두 논으로 둘러싸여 있어서 봄 낚시에 씨알이 굵고 여름에는 밤낚시를 해야 씨알이 굵게 낚인다.

어종은 붕어와 떡붕어, 잉어 기타 잡어도 있다.

■ 교통

이천시내를 기점으로 일단 ③번 국도로 복하교를 건너자마자 우회전하여 383번 도로 따라 영동고속도로 밑을 지나면 대월(면소재지)에 이른다. 대월에서 13km를 더 남행하면 금당리 설정지서 앞이다. 그곳에서 좌회전 북동쪽으로 5백m쯤 가면 성호지 상류다. 금당사거리에서 직진(동쪽)으로 1km쯤 가면 제방과 만난다.

또는 장호원에서 일죽IC와 연결되는 ㊳번 국도로 동진하여 8km쯤의 삼거리에서 북상하는 383번 지방도로를 만나 우회전하여 금당리 사거리에 이르러 직진하면 저수지 상류가 된다(3.5km 정도).

■별미

□삼화식당

소재지 : 경기도 이천시 이천읍 중리

전　화 : 0336-635-6060 (주인 이정희)

이천농협 연쇄점 앞에 있으며 예전에는 해장국, 설렁탕, 곰탕을 전문으로 인기를 끌다가 버섯전골류로 메뉴를 바꿔 여전히 많은 사람들의 호응 속에 영업을 하고 있다.

학지

소재지 : 강원도 철원군 동송면 오덕리
수면적 : 55만평(약 165ha)

민통선 북상으로 돌아온 낚시터

학지(鶴池)는 일제 때 만들어진 철원평야의 젖줄이며 광복후부터 한국전쟁 때까지는 북한 치하에 있던 저수지다. 최근까지 민통선 안에 위치하고 있어서 민간인 출입이 허용되지않던 곳인데 1992년 6월 1일 민통선 북상 조정 조치로 민간인 출입이 허용되었고 학지에서도 낚시가 가능해졌다.

민간인 출입이 허용된 직후 학지에는 전국에서 모여든 낚시인이 주말하루 2천, 3천명으로 하루 아침에 교통이 마비되고 주변 농경지가 아수라장이 되었다.

결국 유료낚시터로 관리되면서 낚시인 출입이 적어졌으며 현재는 진입로 포장, 수상좌대 설치 등으로 낚시터가 기업화(주식회사) 되었다.

그러나, 유료낚시터 재허가가 나오지 않고 준설중이다. 붕어, 잉어가 주종이고 잡어로 블루길과 배스가 있다. (1997년 현재)

낚시터 진입은 제방 우측 하류 관리실 앞쪽과 제방 우측 상류(오덕리 덕고동) 그리고 제방 좌측 하류(예전 민통선 통제선 부근) 등 세 곳뿐이며 그밖에는 진입로가 없다.

낚시터는 수면적에 비해 수심이 전반적으로 얕다(평균수심 1.5m). 중심부에 제방쪽으로 이어지는 물골(예전 개울골)이 길이 약2백m로 이어지고 있는데 수심은 3~5m선이다.

수심이 얕아서 수초(갈대 물풀)가 깔려 있으며 가장자리는 논으로 되어 있어 낚시하기가 불편하다.

낚시의 적기는 4월~5월, 9월~10월초이며 여름에는 수상좌대에 올라 밤낚시를 해야 한다.

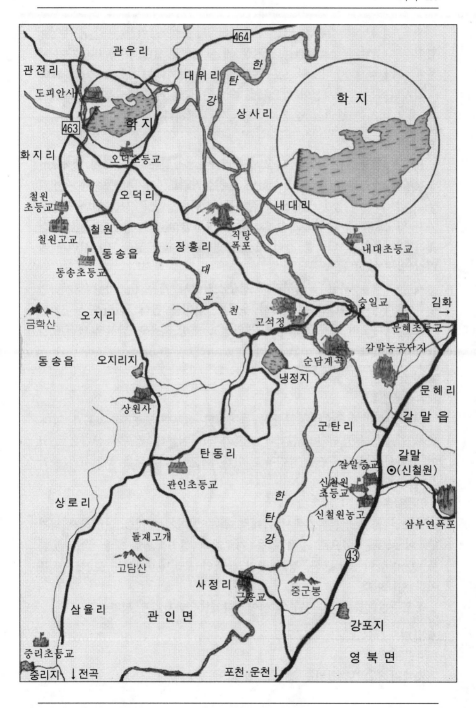

겨울 얼음낚시 기간은 12월 하순부터 3월초까지 기간은 길다. 수심이 얕아서 수초낚시를 해야하는데 겨울 기온이 영하 20도 이상 내려가기 때문에 겨울낚시가 어렵다. 포근한 영상의 날씨에는 낚시가 잘 된다.

낚시터에는 숙박시설이 없으므로 숙박은 3km 거리에 있는 동송읍내에서 하고 식사는 관리실 옆 간이식당에서 가능하다.

■ 교통

의정부에서 ㊸번 국도를 타고 송우리~포천~성동~운천까지 약 46km. 운천에서 계속 1km를 더 북상하면 운천삼거리다. 거기서 동송행 이정표를 확인, 좌회전 동송 방향으로 접어든다. 한탄강(근흥교)을 건너 동송읍까지 약 15km. 동송에서 계속 2km쯤 북상하면 예전 민통선 검문소터 삼거리에서 우회전, 다리를 건너 조금 가면 학지 제방 밑을 지나서면서 관리실 입구가 나타난다.

제방 좌측 하류로 들어서려면 검문소터에서 계속 1km가량 직진하면 우측에 다리가 나타난다. 거기서 우회전, 다리를 건너 5백m쯤 들어가면 매표소가 나오며 차를 주차장에 세워놓고 제방 좌측권 낚시터(뱀섬)으로 들어서면 된다.

■ 명소

□ 삼부연폭포

신철원에서 동쪽으로 1.5km쯤 들어가면 삼부연(三釜淵) 폭포가 있다. 마치 가마솥같이 생긴 소(沼)에 폭포가 떨어지는데 폭포가 삼단으로 되어 있어서 삼부연폭포로 불리우고 있다. 폭포 건너편에는 부연사라는 작은 절도 있다.

□ 직탕폭포

폭포라 하면 산골짜기에서 아래로 길게 떨어지는 것을 연상하게 되지만, 이 폭포는 옆으로 길게 강을 가로질러 인공적으로 둑을 쌓은 듯한 폭 80m, 높이 3m로 된, 강 전체가 폭포인 우리나라에서는 보기드문 특이한 형태이다.

폭포주변 숲과 강가 곳곳에 야영장이 있어 피서지로 적격이다.

■ 별미

□ 직탕가든

소재지 : 강원도 철원군 동송읍 장흥 3리

전 화 : 0353-55-6560

직탕폭포 바로 앞에 있는 철원의 향토음식 지정업소로 폭포의 비경을
만끽하면서 장어숯불구이와 쏘가리 매운탕을 즐길 수 있다.

□ 폭포가든

소재지 : 강원도 철원군 동송읍 장흥3리

전 화 : 0353-55-3546

직탕가든 위쪽에 있는데 초가를 얹은 야외테이블과 축대로 쌓은 자연
석이 운치있으며 민박도 가능하다.

물고기도 통증을 느낄 수 있을까?

물고기가 낚시에 걸리면 가만히 끌려 나오지않고 결사적으로 반항하
며 몸부림을 친다. 낚시바늘에 걸린 통증때문에 그런것인지 물고기의
참뜻을 알수 없다.

대체로 동물의 의식적 행동은 대뇌반구(大腦半球)의 지배에 의한다
고 한다. 반사적 행동은 소뇌와 척추에 의해 통제된다고 하지만 물고기
의 대뇌반구는 아주 작고 발달되어 있지 않다고 해서 물고기의 모든 행
동을 반사작용에 의해서 이루어진다고 어느 외국 생물학자는 말하고
있다.

물론 물고기에게는 통증감각이 없을 것이라는 것은 물고기의 행동을
관찰한 사람들의 인식차원에서 판단했을 뿐이며 실제 물고기가 통증에
대해서 어떻게 받아들이는지 물고기의 신비스런 초능력적 행동을 우리
인간들은 알 도리가 없는 것이다.

물고기들의 먹이활동, 짝짓기, 산란, 부화후의 새끼 보호(가물치등)
등은 본능에 속하며 고등동물의 본능이나 감정같은 것은 지니고 있지
않다고 본다.

예를 들면 물고기가 낚시에 걸렸을 때 끌어 올리는 과정에서 물고기
가 떨어져 나갔다고 하자 물고기 입이나 몸 어느 부분에 낚시에 걸렸던
상처가 있을 것이다. 낚시에서 떨어져나간 물고기는 어느 정도 거리까
지 도망갔다가(수초속에 숨기도 한다) 잠시후 언제 그랬더냐는 식으로
다시 낚시 미끼를 먹는 경우가 허다하다.

오지리지

소재지 : 강원도 철원군 동송읍 오지리
수면적 : 6만 1천평(약20ha)

민통선 남쪽 수면 해발 2백미터 계곡에

민통선 남쪽 7km에 있는 물맑고 깨끗한 저수지다. 이곳과 이웃한 냉정지와는 달리 9·28 수복후인 1960년도에 만들어졌다.

원래 철원평야 일대가 평균 해발 180m의 고지대인데 오지리지는 더높은 수면 해발 2백m의 계곡에 들어 앉아 있다.

철원평야의 젖줄은 학지, 냉정지, 오지리지 등이 맡고 있는데 워낙 방대한 농경지라서 물이 모자라는 실정이며, 저수지는 가뭄 때에 바닥을 드러내는 일이 잦았다.

오지리지는 냉정지보다 수온이 더 차고 맑아서 붕어낚시보다는 피라미낚시를 많이 하게 된다. 겨울이 되면 일찍 얼음이 얼게 되고, 철원 동송지방 낚시인들은 물론 서울에서 피라미낚시를 하러 많이 찾는다. 피라미의 씨알이 굵어서 낚는 재미가 쏠쏠하다. 낚이는 양은 하루 평균 1백~2백마리씩이나 된다.

그러던 1992년 겨울, 민통선 안에 있는 학지에 얼음낚시를 들어갔던 서울낚시회가 낚시가 허용되지 않자 오지리지에서 얼음낚시를 했는데 의외로 월척급 대어가 쏟아져 나왔다. 28~34cm급이며 오히려 잔챙이가 적은 편이어서 몇주 오지리지에서 호황을 보였다.

그러나 그후는 철원지방의 날씨가 너무 추웠기 때문에 조황은 부진했다. 오지리지에는 월척이 많이 있기는 하지만 피라미 때문에 붕어가 낚이지 않는다는 것을 확인한 것이다.

오지리지의 포인트는 제방 우측으로 상류까지 도로가 나있는 지역 중류권에 있다. 좌측 상류쪽은 출입금지 구역이다. 1997년도에 유료낚시터로 개장하여 관리실 전화는 0353-55-3013이다.

저수지 우측입구 도로변에 식당이 있을 뿐 숙식할 곳은 없으나, 동송읍내에 장급여관과 식당 등이 많다.

■ 교통

포천~운천~운천삼거리에서의 ㊸번 국도에서 동송행으로 좌회전해서 한탄깅을 긴니(근흥교) 단동사거리를 지나치면 좌측에 세방이 있나. 운천삼거리에서 제방까지 약 9km. 오지리지에서 북쪽으로 동송읍내를 지나치면 민통선에 걸터있는 학지가 있다.

좌운지

소재지 : 강원도 홍천군 동면 좌운리
수면적 : 4만 5천평(15ha)

구름도 쉬어가는 계곡 저수지

1972년도에 저수지 제방을 높여 저수지를 확장하기 전에는 농업용수량이 부족해서 매년 바닥을 드러냈던 저수지다.

홍천과 횡성 사이 산간 오지에 들어앉아 있어서 구름도 쉬어 간다는 좌운리 계곡 속에 좌운지(坐雲池)가 있다.

물이 맑고 차서 장마끝에 호황을 보여주고 여름 밤낚시에 힘센 붕어가 물어준다. 여름에 밤낚시를 하면 새벽녘에는 기온이 떨어져 한기를 느낀다해서 피서낚시로도 많이 찾는다.

좌운지에서 밤낚시를 하면 새벽녘에 피어오르는 물안개가 마치 구름 위에서 낚시를 하고 있는 착각마저 일으킨다.

좌운지 이웃에 좌운리 민가가 있으나 숙식에 도움이 되지않으므로 식수와 식사는 별도로 준비해야 한다.

현재 유료낚시터로 준비중이다.

■ 교통

홍천이 진입기점이 된다. 서울에서 강릉까지 달리는 ⑥번 국도로 양평까지 가서, 다시 더 달려 횡성 들어가기 전 신촌 삼거리에서 좌회전하여 ⑥번 국도를 버리고 ⑤번 국도를 이용해 북상 홍천으로 들어간다.

양평에서 홍천까지는 약 48km. 홍천읍내에서 444번 지방도로 동쪽 방향으로 약 10km 달리면 동면(면소재지)의 속초지를 지나 노천리 삼거리가 나온다. 우회전해서 횡성으로 가는 406번 지방도로를 7km쯤 더가면 우측에 좌운지가 나온다.

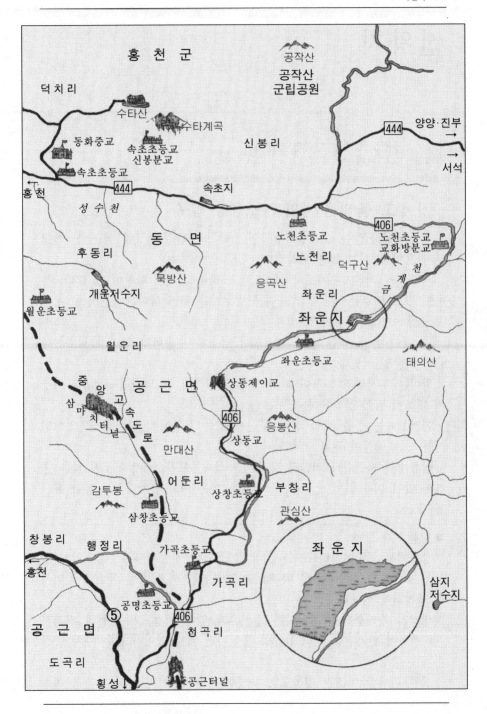

신왕지

소재지 : 강원도 명주군 연곡면 신왕리
수면적 : 5만 5천평

산 좋고 물 맑은 청학동 소금강 입구

신왕지(新旺池)는 오대산국립공원(청학동 소금강)입구에 있는 산 좋고 물 맑으며, 잉어가 많은 낚시터다.

전형적인 계곡저수지로서 물이 차고 맑아 피라미(갈견이)가 많다. 붕어도 있으나 낮낚시는 어렵고 여름 밤낚시를 하면 낚이는데 입질을 하면 20cm급 이상으로 힘이 장사다.

한 때 상류에 있던 송어 양식장이 범람해서 송어가 무진장 낚였는데 근년에는 덜 낚인다.

잉어는 피서철과 가을이 되면 찐감자 미끼에 잘 낚이며 60cm급 이상의 대물이 많이 올라온다.

피서철에는 상류 다리 건너 부근에 있는 공간에 천막을 치고 잉어낚시를 하는 꾼들이 많다.

상류에서 계곡따라 거슬러 올라가면 삼태폭포가 있고, 곳곳에 넓은 공간이 있어 여름에는 이곳 수청동계곡을 아는 이들이 찾아와 조용한 휴가를 즐긴다.

■ 교통

강릉에서 연곡삼거리까지는 ⑦번 국도로 약 14km가 되고, 삼거리서 청학동 소금강쪽으로 좌회전 약 4km를 연곡천을 끼고 ⑥번 국도로 들어서면 행정리에 이른다.

행정리 두레쉼터를 지나치면 행신슈퍼 앞에 행정교가 있는데 거기서 좌회전하여 연곡천을 건너 1km쯤 들어가면 제방 앞이며 넓은 주차 공간이 있다.

신왕지 제방 아래는 벚꽃으로 유명한 유원지이며 봄·여름 관광 위락

객이 몰려든다. 솔밭유원지내에 식당, 막국수집이 있다.

강릉을 경유하지 않고 갈 경우 영동고속도로 하진부 출입구에서 ⑥번 국도로 월정사길로 들어선다. 월정사 거의 다 가서 진고개~연곡으로 갈라지는 삼거리에서 진고개길로 우회전한 다음 진고개를 넘어서기 전 진고개 휴게소 기점 약 15km가 소금강 입구 삼거리이다. 계속 8km를 연곡~주문진쪽으로 달리면 행정리 행정교에 이른다.

이 길은 ⑥번 국도이며 말끔히 포장되어 있고 진고개에서부터 내리막길이 비경의 계곡길이다. 이곳까지 계속 ⑥번 국도를 이용한다.

■ 명소

□ 낙가사와 낙가사 약수

강원도 명주군 강동면 정동진리 해안벼랑 위에 있는 낙가사는 동해 제일의 수선도장(修禪道場)으로 유명하며, 또한 오백나한전으로도 널리 알려진 곳이기도 하다. 여기 낙가사 5층석탑 옆에 약수가 있는데 이 약수는 1974년도에 발견되었다.

약수천(泉)의 분석표에 의하면 1리터당 철분 함유량이 44mg, 탄산 80mg, 산염 500mg, 알루미늄 200mg, 온도는 12℃라고 되어 있다.

이 약수는 빈혈, 위장병, 신경통, 부인병, 신경쇠약, 피부병에 효험이 있다해서 찾는 이의 발길이 끊이지 않고 있다.

낙가사는 앞으로 동해를 굽어보고 뒤로는 괘장산이 병풍처럼 펼쳐져 있다. 특히 청자 오백나한상을 모신 55평의 오백나한전은 우리나라뿐만 아니라 세계적으로 널리 알려져 있다.

강릉에서 동해고속도로 따라 15km 쯤 가면 정동진이다. 정동진에는 정동해수욕장이 있다.

정동진 역을 지나 ⑦번 국도의 가파른 해안길을 따라 2km쯤 가면 동명해수욕장이고 거기서 1.5km쯤 더가면 낙가사 입구다.

■ 별미

□ 입암 막국수집

소재지 : 강원도 양양군 현남면 입암리

전　화 : 0396-67-7447 (주인 임순석)

명주군과 양양군의 경계선이 주문진의 향호 조금 지나서 있다. 거기 군계가 지경리로 되어 있고 지경 1.5km쯤 북상하면 화상천(和尙川)이다.

화상이란 불교에서 고승을 뜻함인데 여기 개울이 고승이나 불교와 어떤 연관이 있는지는 잘 모르지만 화상천변은 임호정(臨湖亭) 마을로 불리운다. 여기 임호초등교학교 앞에 있는 막국수집이 많이 알려진 입암 막국수집이다.

입암 막국수집은 막국수 맛이 좋다고해서 외진 곳인데도 일부러 찾아드는 손님이 많아 항상 붐빈다.

임호정에서 화상천을 따라 약 7km를 들어가면 용포폭포 위에 양어장 낚시터인 용포낚시터가 있고 유료 수렵장도 있다.

□ 양양 단양식당

소재지 : 강원도 양양군 양양읍 남문리

전　화 : 0396-671-2227 (주인 고광휘)

양양읍내 양양초등교학교 앞에 있는 막국수 전문식당이다. 이곳 단양식당의 막국수와 삶은 돼지고기 맛이 너무 좋아서 양양을 오가는 승용차가 일부러 때를 맞춰 찾을 정도로 알려져 있다.

특수한 비법으로 삶아낸다는 돼지고기는 특유의 냄새가 전혀 나지않이 인기를 끌고 있다.

□ 양양 함흥면옥(막국수)

소재지 : 강원 양양군 양양읍 남문1리

전　화 : 0396-671-2923 (주인 탁봉란)

양양읍내에 있는 함흥면옥은 양양 남대천을 찾는 은어낚시인들에게 널리 알려진 막국수 전문식당이다.

강원도의 막국수는 유명하지만 음식점 나름대로 특성이 있기 마련인데 이집 막국수는 메밀을 직접 정선하여 반죽한 정통적인 막국수로 이름을 얻고 있다.

경포호

소재지 : 강원도 강릉시 운정동
수면적 : 38만평(127ha)

석호지로 해수욕장과 명소를 갖춰

동해안에서도 가장 큰 규모의 해수욕장과 경포대 등 명소와 함께 자리잡고 있는 경포호는 동해안의 유일한 월척낚시터로 낚시계에 널리 알려져 왔다.

도립공원으로도 지정되어 동해안을 찾는 관광객이면 으레 호수와 해변을 둘러보는 명소이다.

경포호는 석호지(潟湖池)로 오랜 세월동안 퇴적물의 유입 그리고 수초가 썩어 퇴적되어 수심이 얕아졌다. 그동안 여러 차례에 걸쳐 준설공사를 했으나 그 넓은 수면적을 완전히 준설하기는 어려워서 부분 준설에 그쳤다.

낚시터로서 경포호는 지금도 대낚시를 하기에는 너무 얕아 붕어와 잉어는 많이 번식하는데 낚시하기는 어려워져 월척급 붕어가 날로 늘어난 것이다.

대낚시가 어려워지자 릴 낚시가 성행하고 있으며 대낚시는 붕어가 얕은 곳으로 나오는 봄, 가을에서 초겨울 그리고 얼음이 얼면 얼음낚시에 월척이 쏟아져 나온다.

잉어도 많은데 잉어는 봄, 가을에 대낚시보다는 릴낚시에 많이 낚이며, 잉어의 씨알은 35~60cm급이다.

특이한 것은 하류권은 염분이 섞여 있는데 이곳 하류권에서는 갯지렁이를 달아 붕어낚시를 하면 월척이 낚인다는 것이다.

경포호 낚시는 가급적 가지채비 낚시가 유리하다. 바닥이 감탕으로 되어 있고 수초 썩은 것이 퇴적되어 가지바늘이 유리하다는 것이다.

경포호 낚시는 도립공원 입장료와 입어료를 별도로 받는다.

■ 교통

강릉시내에서 ⑦번 국도로 시내를 벗어나서 오죽헌앞에서 우회전하면 경포호다. 일반교통편은 강릉시내에서 경포대 들어가는 버스가 5분 간격으로 있다.

승용차는 경포호 호수를 한번 휘돌수 있으며 타원형으로 생긴 서쪽과 남쪽에는 호반에 차를 세워놓고 낚시를 할 수 있지만 북쪽과 동쪽 호반에서 낚시를 하려면 주차장에 차를 세워놓아야 한다.

숙박과 식사는 주위에 호텔, 여관, 민박 등이 많고 식당도 많다.

■ 명소

□ 오죽헌

강릉시 죽헌동에 있는 율곡선생의 생가이며 신사임당의 유적과 유물이 전시되어 있다.

□ 경포대

관동8경의 하나. 노송이 울창한 숲속에 들어앉아 있으며 경포호를 굽어보고 있다.

□ 홍장암과 조암

홍장암은 고려말의 문신 조운흘이 조선초에 강릉대도호부사로 부임할 때, 당시 미모와 기예가 뛰어났던 명기 홍장의 죽음을 추모하여 경포호의 이 바위를 홍장암이라 이름붙였다.

홍장암과 마주선 남쪽 호반 한가운데 있는 조암은 조선 숙종때 우암 송시열이 그 이름을 지었다.

□ 선교장

노송 수백 그루가 우거져 있는 숲을 배경으로 있는 조선 상류층의 전형적인 주택으로 중요 민속자료 제5호로 지정되어 있다.

□ 칠사당

조선조 관청 건물 중 유일하게 남아 있는 것으로 당시 칠사―호적·농사·병무·교육·세금·재판·풍속에 관한 일을 처리하던 곳이다.

□ 해운정

조선조 중종 25년에 어촌 심언광이 강원도 관찰사로 있을 때 지은 것으로 조선초기의 전형적인 별당 형식을 보여주는 귀중한 건축문화재로 보물 제183호로 지정돼 있다.

■별미

□ 원조 초당두부집

소재지 : 강원 강릉시 초당동

전　화 : 0391-44-2260 (주인 최남숙)

강릉 초당동에는 마을 3백 여 가구중 1/3 정도가 매일 새벽이면 바닷물을 길어다가 콩을 갈고 가마솥에 물을 끓여 두부를 만드는 일을 옛부터 해왔다. 그러나 요즘은 몇 집만 남아 명맥을 이어오고 있을 뿐이다.

원조 초당두부집은 강릉이나 경포대에서 새벽부터 초두부(두부판에서 네모꼴로 틀이 잡히기 전에 걸쭉한 상태의 것을 초두부라고 한다)를 먹기위해 새벽부터 몰려오는 손님을 맞고 있다. 초두부에 양념장을 듬뿍 치고 막걸리 한잔을 기울이면 초두부의 맛이 너무 부드러워 저절로 목으로 넘어간다.

□ 해성횟집

소재지 : 강릉시 성남동 중앙시장 내 2층

전　화 : 0391-648-4313

삼숙이는 아가미가 크고 지느러미가 너덜하게 달려있고 머리가 몸의 반을 차지하는 흉칙한 모습 때문에 옛날에는 생선으로 치지도 않았고, 어부들 역시 재수없다며 내버렸던 물고기였다.

하지만 지금은 그 시원하고 얼큰한 맛에 강릉 지방의 손꼽히는 별미 중 하나이며, 강릉이나 속초에 여러집이 있으나 원조격인 해성집을 제일로 친다.

소양호

소재지 : 강원도 춘천시 · 양구군 · 인제군
수면적 : 2천 백만평(약 7,000ha)

우리나라 중허리에 거대한 물줄기

1973년 10월에 준공된 소양호는 댐 높이가 123m, 길이 530m, 만수위 해발 수면높이가 195m, 하류의 댐에서 최상류 군축교까지 수면 직선거리는 60km. 지류만 20여개소가 되는 대규모의 호수이다.

소양호는 작은 골짜기가 수없이 많이 들어앉아 있으나 가뭄으로 수위가 떨어지면 큰 골만 남기고 모두 드러나게 된다.

웬만한 가뭄에도 양구대교 위쪽에서 군축교까지는 예전 개울줄기만 남기고 모두 드러난다. 이런 현상은 장마가 시작되면 곧 정상수위로 돌아서고 조황도 회복된다.

소양호의 낚시터는 추곡리와 최상류 신남권의 일부를 제외하고는 모두 댐의 선착장에서 출발하는 정기여객선 또는 대절 선박을 이용해서 접근하게 된다. 그러나 낚시터 모두가 가파른 산기슭이고 민가도 드물어서 배편도 용이치가 않아 행동의 제약을 받는다는 것을 감안, 춘천의 정기 출조 낚시 배편 또는 현지 낚시회 전용선박 그리고 현지 배편 선장에게 도움말을 받는 것이 가장 확실하고 안전하다.

낚시철이 되면 현지에 낚시회 전용배 또는 춘천낚시점에서 직영하는 배편이 정기 출조하고 철수도 도와준다.

그때 그때 현지 출조의 안내를 받는 것이 가장 좋은 방법이지만 여기서는 낚시터를 지역별로 소개해둔다.

① 산막골-부귀리-동면 일대
□ 산막골
산막골은 댐의 선착장을 출발한 정기선의 첫번째 기착지다. 이름 그대

로 산속 골안이며 정기선박이 닿는 곳은 산막골이고 동쪽 옆으로 작은
산막골이 있는데 낚시는 작은 산막골쪽이 좋은 편이다. 산막골 입구에
가두리양식장이 있어서 3월부터는 향어낚시, 4월부터는 붕어낚시가 시작
되며 산막골에는 민가가 있어서 숙식이 가능하다.

□ 부귀리

호수가운데에 돌출한 부창섬을 끼고 돌아 북쪽으로 후미진 골짜기다.
골짜기 입구에 가두리양식장이 있어서 향어가 많이 낚이던 곳이다. 부귀
리 동쪽에는 내평리 마을이 있는데 이곳에서는 숙식이 어렵지 않다.

□ 동면권

산막골과 부창섬의 중간쯤 건너편 남쪽 골짜기를 동면권이라 부른다.
이 권역에는 선착장이 새골, 지루마재, 신이리, 곧은골, 아랫말거리 등 5
개가 있다. 이곳에는 가두리가 여러개 설치되어 있어서 향어낚시도 잘되
지만 붕어, 잉어도 잘 낚인다.

계절에 따라 선장이나 현지 낚시회 총무의 안내를 받아야한다.

이곳부터 겨울에는 빙어가 많이 낚인다.

② 오항리-추곡리-물로리 일대

□ 오항리

내평리에서 산모퉁이를 돌면 오항리다. 우측 산밑이 정상 수위때 붕어
낚시터인 횟골이고, 최상류에 있는 마을이 천리터이다. 이곳은 육로를 통
해 추곡리를 경유해서 접근할 수 있다.

□ 추곡리

골짜기는 횟골에서 상류쪽으로 역류해서 북상하다 보면 왼쪽으로 깊
숙히 후미져 들어간 곳이다. 이곳 골짜기안에 선착장이 있고 선착장에
포인트가 많다. 추곡리는 겨울에 빙어가 많이 낚인다.

□ 물로리

동면 골짜기 다음의 남쪽으로 넓게 후미진 골짜기이며 가두리 양식장
이 있고 풀무골과 선착장이 있는 삽다리골, 갈골등이 주요 낚시터가 된
다. 갈골에는 낚시철에만 영업을 하는 수상밥집이 있어 낚시인에게 큰
도움을 준다.

□ 조교리

조교리골짜기는 동면골짜기, 물로리골짜기 다음의 세번째 남쪽으로 후

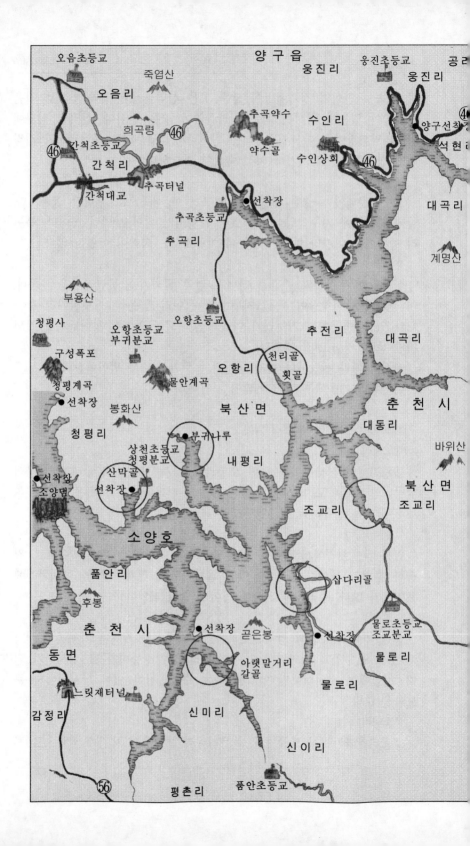

㊻ 심포리

∴류인석전적비

↓춘천

석현리

원통·설악산 ↑

양 구 군

두 무 리

계 륜 분 교

봉화산

∴봉화대

㊻

원 리

신월초등교

신 월 리

두 무 천

관 대 리

인제↗

명 곳 리

소양강

내 촌

신 월 리

남 전 리

신남선착장

38휴게소

감무봉

춘 천 시

하 수 내 리

상 수 내 리

수 리 봉

부평동
초등교

부 평 리

신삼휴게소

부평초등교
수산분교

부평초등교

우

수 산 리

㊻

승용차통행불가

각

신 남 리

천

망태봉

㊹

소치초등교

신 풍 리

남 면

매봉

446

북 산 면

어 론 리

응봉산

갑 둔 리

갑둔초등교

화란초등교

홍천고개

장 남 리

상남→

쥴장루이동상

원동초등교

가마봉

소뿔산

원 동 리

장남초등교

홍 천 군

홍천광산

괘 석 리

자 운 리

홍천↓

두촌중교

두 촌 면

미진 골짜기다. 이곳도 향어 가두리가 설치되어 있어서 선착장인 통골을 중심으로 향어낚시와 붕어낚시가 성행된다.

소양호 댐에서 출항하는 정기여객선은 대부분 조교리까지 운항된다.

③ 신월리, 신남리, 군축교 일대

이 지역은 소양호의 최상류에 해당되며 수상교통은 어렵고 육로에 의해서 접근하게 되는 곳이다.

□ 신월리

양구대교를 건너 양구쪽으로 가다가 우회전해서 들어가면 신월리이며 거기서 내촌과 밤골등으로 진입할 수 있다. 이 지역은 신남 선착장에서 배로도 진입할 수 있다. 내촌과 밤골에는 밥집이 있다.

□ 신남리

양구대교로 진입하기전 ⑭, ⑯번 국도가 만나는 신남삼거리에서 인제 방향으로 약 4km를 달리면 부평이다. 부평에서 좌측 산모퉁이를 돌면 옥수수밭이며 그 일대가 상수위때 붕어낚시의 명소이다. 이곳에는 고무보트가 많이 몰리는 곳이지만 연안 앉을 자리도 많다. 이곳에 낚시인을 위한 밥집도 있다. 중수위 이하가 되면 개울 줄기만 남기고 드러난다.

■ 교통

춘천에서 양구로 가는 ⑯번 국도로 북동진하여 천전리에서 ⑯번 국도를 버리고 직진하여 소양댐 선착장에 이른다.

─소양호 정기여객선 운항코스─   ※ 변동이 있으므로 요확인

행선	시 간	운 행 코 스
동 명 행	오 전 8시	댐 → 산막골 → 곧은골 → 아래말걸리 → 신이리 → 지루마재 → 새골 → 산막골 → 댐
	오 후 10시 10분	댐 → 산막골 → 새골 → 지루마재 → 신이리 → 아랫말거리 → 곧은골 → 산막골 → 댐
북 산 행	오 전 8시	댐 → 조교리 → 오항리 → 내평리 → 물로리 → 삽다리골 → 부귀리 → 댐
	오 후 14시 40분	댐 → 부귀리 → 삽다리골 → 물로리 → 내평리 → 오항리 → 조교리 → 댐

신월리, 신남리쪽은 춘천에서 ㊻번 국도를 계속 좇아오는 방법과 양평 홍천을 거쳐 ㊹번 국도로 신남삼거리에 이르면 ㊻번 국도와 만나게 된다.

홍천-인제간 일반버스가 있다.

■ 별미

ㅁ백담 순두부집

소재지 : 강원도 인제군 북면 용대2리

전 화 : 0362-462-9395 (주인 정경림)

백담사 입구 초입 우측에 있는 백담 순두부집은 순두부와 산나물로 알려진 별미집이다.

바깥주인은 전자공학, 안주인은 연대 음대출신의 첼리스트인데 전공을 버리고 그저 산이 좋아 이곳에 눌러앉았다는 이색 부부다.

백담사 어느 스님으로부터 불가(佛家) 전통의 두부 제조법을 배워 두부를 만들어 팔게 되었다며 이집 음식에는 설탕, 소금, 화학조미료인 이른바 3백(三白)은 직접적으로 절대 쓰지않는다는 것이다. 설탕대신 감초나 엿, 소금대신 양양콩으로 담근 간장으로 간을 내고 조미료는 절대 쓰지않는다.

두부 외에 쌀도 직접 농사를 지은 무공해 쌀이라고 자랑한다.

산나물은 산을 좋아하는 주인이 직접 채취한 것이라 한다.

춘천호

소재지 : 강원도 춘천시 사북면 · 신북면
수면적 : 4백 40만평(1,434ha)

빙어와 피라미 낚시로 인기

춘천호(春川湖)는 파로호(화천댐)에서 흘러내려오는 북한강 주류이며
1965년도에 다목적댐으로 막아졌다.

댐에서 화천까지 물길로 약 25km. 댐에서 호반길을 따라 화천으로 이
어져 있어서 관광 · 드라이브코스로도 인기가 날로 더해가고 있다.

낚시터는 하류권 우측으로· 넓게 후미진 고탄리와 고탄리 산너머 있는
인람리가 주축을 이루는 붕어, 잉어, 빙어낚시터였는데 근년에 와서 원평
리(밤나무밭권)와 신포리권에 낚시안내인집과 좌대가 설치되면서 연중
낚시터로 개발되었다.

특히 춘천호는 물이 맑고 차서 빙어와 피라미가 초겨울~결빙기~해
빙기에 걸쳐 낚시가 잘 되어 춘천호는 겨울 빙어와 피라미낚시터로 명성
을 떨치게 되었다.

□ 고탄리권

댐에 올라서면 우측으로 큰 저수지모양으로 넓게 후미져 들어간 곳이
고탄리권이다. 제방 우측 아랫쪽에서 진입로가 있으며 마치 저수지와 같
아서 어디에나 계절에 맞추어 앉으면 된다. 마을에 민박집, 밥집이 있다.
겨울에는 빙어 피라미 낚시인들이 몰려든다.

□ 일람리권

원평리 대안이 되며 고탄리에서 자동차로 산 언덕을 넘어 들어가면
산밑에 포인트가 많이 있고 잉어포인트도 많다. 원평리에서 배로 건널
수 있고 낚시 안내인집이 있어서 민박과 식사가 가능하고 텐트도 설치할
수 있다.

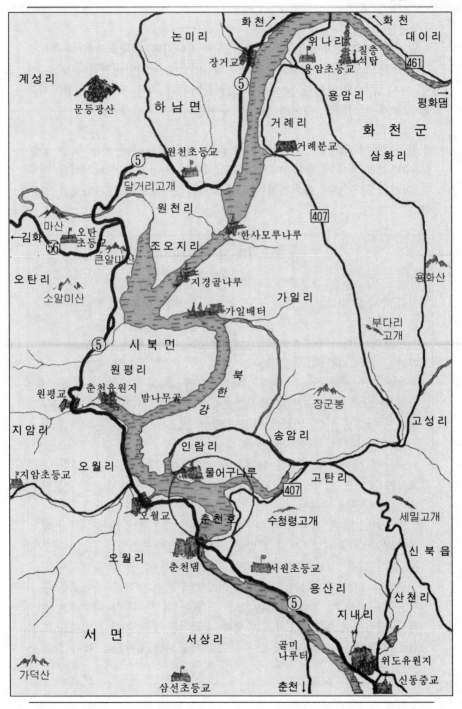

□ 원평리

댐에서 좌측 호반길을 따라 오월교를 지나치면 원평리이며 우측으로
약 4km를 들어가면 밤나무밭이 있는데 이 밭에 낚시안내인집이 있고 민
박, 식사 모두 가능하다. 밤나무밭으로 들어가기 전에 꾸불꾸불 휘어지는
곳 모두가 낚시터다. 붕어와 잉어가 주어종이다.

□ 신포리권

원평리에서 고개를 넘어서면 신포리다. 사북천과 합류되는 넓은 공간
의 수면이며 좌대가 있다. 여기 신포리까지가 춘천호의 주낚시터를 이루
며 여기서부터 상류 화천까지는 앉을 자리가 마땅치않고 진입로가 불편
하다.

물고기의 미각 기관

물고기도 맛을 구분할 줄 아는 미각 기관이 있다. 물고기의 종류에
따라 조금씩 차이는 있지만 물고기의 미각 기능은 대체로 발달되어 있
는 편이다.

물고기의 미각 기관은 미뢰(味雷)라고 하는데 미뢰의 위치도 어종에
따라 조금씩 다르다.

붕어와 잉어의 미뢰는 구개기관(口蓋氣管) 즉 주둥이 쪽에 있고, 그
밖에 물고기는 구강내부 또는 아가미쪽과 비관(鼻管) 쪽에도 있고 목구
멍에도 있다고 한다. 미뢰가 가장 발달된 물고기는 메기종류이며 메기
의 수염은 예민한 미뢰 기능도 한다.

외국의 생물학자 실험에 의해서 물고기중에서는 당분을 구분할 줄
모르는 고기도 많지만 잉어과의 물고기와 피라미 등은 당분을 구분할
줄 알며 당분에 대해서 의외로 민감한 반응을 나타낸다고 밝히고 있다.

잉어가 고구마, 감자, 옥수수등을 좋아하는 것은 당분을 좋아하기 때
문인 것이다. 붕어낚시에도 떡밥에 건빵, 비스켓, 카스텔라등을 섞어쓰
는 이가 많은 것도 붕어가 당분을 좋아한다는 것을 알기 때문이다.

붕어가 먹이를 후각이나 시각에 의해 발견하며 먹이를 쪼아보듯 두
세번 주둥이를 대 본다. 그것은 먹을 수 있는 것의 여부를 확인하는 것
이다. 낚시를 할 때 찌가 두세번 툭툭 움직이는 것은 붕어가 먹이를 미
뢰로 확인하는 과정이며 맛있는 것으로 확인되면 입속으로 빨아 들이
는 것이다.

봄이 되면 낚시단체에서 전국낚시대회를 개최한다

상류에 몰려 앉은 산란기 낚시

월척을 기대하는 월말 낚시대회 "내 실력이 최고"

서산 천수만 간척지 제방의 잉어낚시

파라호의 명물 거물잉어

봄 붕어의 입질을 기다리는 태공

"오늘은 조황이 안 좋았어요" 보령군 청라지에서

대호만호의 붕어 준척

단란한 가족동반 낚시

산란기 월척을 기다리며

비오는 날 붕어의 입질

지렁이 맛 좀 봐라

34도의 부중 낚시

가을 붕어 수초낚시

동고리지의 얼음 낚시

대흑만호 수로 가을 붕어낚시

내린천에서의 견지 낚시

송어 얼음낚시

남양호의 빙어

얼음낚시에 낚인 송어

■ 교통

춘천시내에서 북향하는 ⑤번 국도를 따라가면 춘천댐에 이른다.

춘천댐에서 화천까지 포장길로 이어지고 있어서 관광코스로도 많이 이용되며 댐~오월교~원평리~신포리~화천으로 이어진다. 댐에서 화천까지 육로로는 약28km 거리다.

메기의 청각과 촉각 그리고 미각

저서성(底棲性)이며 야행성인 메기는 물고기중에서 청각 촉각이 가장 발달한 물고기로 알려져 있다.

메기는 멀찌감치 떨어진 곳에서 조개가 조가비를 여닫는 소리, 게가 걸어가는 소리, 곤충이 수초를 갉아먹는 소리, 물고기들이 헤엄쳐 다니는 소리 등 물속에서의 상황을 빤히 알고 있다는 것이다. 그러니까 낚시꾼이 물가에 앉아 주고 받는 말 소리까지 알아 차린다는 것이다.

지진의 나라 일본에서는 기상대에서 지진의 징후가 있다는 예보가 발표되면 시장에 있는 메기가 동이 난다고 한다. 지진에 아주 민감한 반응을 나타낸다는 메기를 집에서 기르면서 지진의 예후를 미리 알자는 것이다. 메기는 지진의 징후가 나타나면 안절부절하며 반응을 나타낸다.

메기의 수염은 예민한 신경조직으로 구성되어 있어서 촉각에 의한 전기생리학적 반응으로 촉각과 미각이 동시에 기능을 나타낸다고 한다.

메기는 설탕(당분), 소금(염분)등의 미각 반응이 수염에 의해 나타난다는 것이다. 메기의 수염이 여기 저기 안테나 모양으로 돌아가면서 청각·촉각·미각 등을 알아 차리는 것이다.

메기는 지렁이와 소의 간에 대해서는 흥분을 할 정도로 민감한 반응이 나타난다고 낚시터에 방류되는 양식메기를 낚기위해서 소나 닭간을 미끼로 쓰는 이가 있다고 한다. 메기는 지렁이, 미끼가 최고이며 소나 닭간 따위는 수질을 오염시키는 원인이 되고 있어 그런 미끼는 쓰지 않는것이 바람직하다.

업성지

소재지 : 충청남도 천안시 업성동
수면적 : 13만 5천평

남계원 씨가 살려낸 월척 낚시터

천안시 북쪽 외곽 천안에 인접해 있어도 도시 풍경은 볼 수 없고, 과수원과 논, 밭에 둘러싸인 시골풍경 그대로인 곳이다. 이곳도 머지않아 도시화되겠지만 아직은 그런 기미는 없고 조용하기만 하다.

저수지 물도 생각했던 것과는 달리 맑고 깨끗했다. 이곳 업성지(業成池) 낚시터에서 25년을 관리하면서 지켜온 관리인 남계원씨가 오물 유입 등을 철저히 감시하고 있기 때문이다.

업성지는 1970년대 후반에서 1980년대 초반 많은 월척을 배출해서 각지에 널리 알려진 유명 월척 낚시터였다.

업성지는 야산에 둘러싸여 있어서 수원이 부실하다. 그러나 완전히 바닥을 드러내지는 않는다. 수심도 깊지않고 수초가 많아서 봄, 가을에 씨알이 굵게 낚이고 여름에는 좌대에서도 씨알이 굵게 낚인다.

업성지는 진입로가 많지 않아서 자동차 접근이 쉽지 않았는데 근래에 제방 우측 진입로가 확장되어 제방 우측 하류에 있는 관리실까지 진입이 용이하게 되었다.

식사는 관리실 관리인집(전화 ; 0416-567-2084)에서 맡아준다.

■ 교통

천안시내 천안인터체인지 앞 국도 삼거리를 기점으로 하여 ①번 국도로 북상을 한다.

약 3km 지점의 국립천안공업전문대 앞 사거리를 지나쳐 1.5km쯤 더가면 경찰서 입구가 나온다. 여기서 좌회전 철길 건널목을 건너 1km쯤 들어가면 업성초등교학교 앞 삼거리가 나온다. 거기서 좌회전해서 업성지 둑을 보며 1km쯤 들어가면 제방 우측에 관리인집이 나온다.

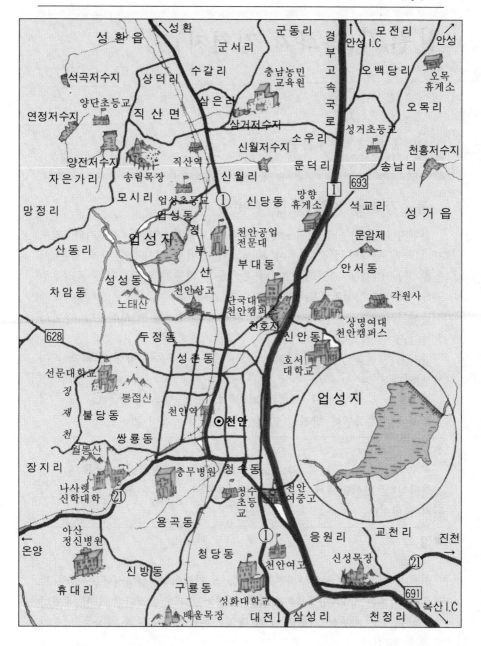

신원지 (양화지·경천지)

소재지 : 충청남도 공주시 계룡면 양화리
수면적 : 11만 6천평

봄·가을에 씨알 굵은 붕어

신원지(新元池)는 1967년도에 만들어진 계룡산 기슭의 저수지다. 저수지 위쪽에 유명한 절집 신원사(新元寺)가 있어서 갑사지와 함께 사찰 이름을 따서 이름을 지었다. 그러나 원이름은 계룡지가 갑사지로 불리우듯 양화지이면서 경천지로도 불리운다.

갑사지와 토질이 달라서 바닥이 진흙이며 수심도 갑사지보다 깊어서 월척이 많이 낚였다.

갑사지가 여름낚시터인데 반해 신원지는 봄, 가을에 붕어의 씨알이 굵게 낚인다.

주어종은 붕어와 잉어, 미끼는 지렁이나 떡밥 모두 잘 먹는다.

예전에는 중류권에 밥집이 있었으나 요즘은 밥집이 없어졌다.

■ 교통

공주에서 ㉓번 국도로 약 15km 가면 계룡산국립공원 서남쪽 입구인 화헌리이다. 화헌리에서 좌회전 경천리 마을을 거쳐 2km를 들어가면 신원지 제방이다.

■ 명소

□ 신원사

신원지 상류에서 신원사까지는 약 2km 거리이다. 신원사에는 신라 말기부터 계룡산 중악(中岳)의 산신을 모셔놓았다는 중악단이 있어 유명하다. 가까운 곳 계룡산 기슭의 주계(珠溪), 은암(隱岩) 등의 계곡은 명승지로 꼽는 곳이다.

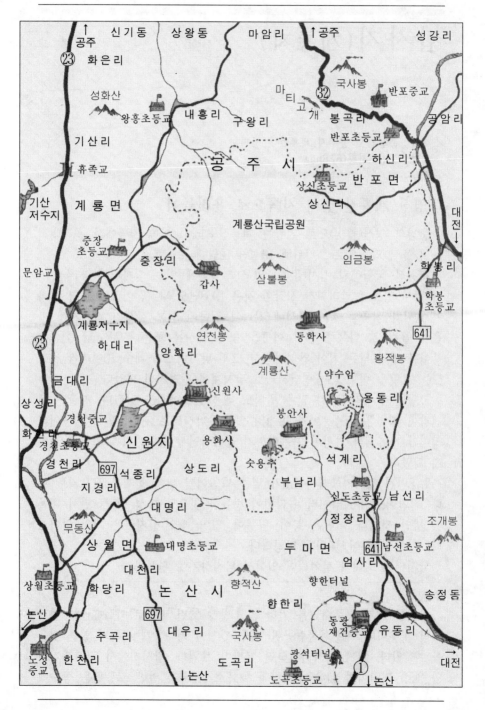

갑사지 (계룡지)

소재지 : 충청남도 공주시 계룡면 중장리
수면적 : 20만 3천평(67.8ha)

영산 계룡산 물이 서쪽으로 흘러들어

충남의 영산(靈山)으로 일컫는 계룡산(845m) 서쪽 계곡에서 흘러내리는 물을 농업용수로 쓰기위해 1964년 12월에 준공했다.

계룡산 국립공원 갑사(甲寺) 입구의 길목에 있는 갑사지(원명 계룡지)가 낚시 명소로 알려지기 시작한 것은 1968년도 낚시꾼이었던 유명 만화가 K씨가 가족과 함께 갑사에 갔다가 길목에 있는 잘생긴 갑사지에 마음이 끌려 그 다음주 혼자 이곳을 찾아 낚시를 했는데 20cm급 힘좋은 붕어를 많이 낚은 일이 알려지면서 그후 낚시버스가 매주 10여대씩 몰려드는 호황을 이루었고, 명낚시터로 낚시계에 알려지게 되었다.

그동안 갑사지에서는 많은 월척도 배출했고 애환도 남겼다. 지금은 예전같이 힘좋은 토종붕어가 많지않고, 유료낚시터로 관리되면서 떡붕어와 잉어가 방류되다가 향어 가두리까지 들어서면서 향어까지 다양하게 낚이게 되었다.

7, 8년전 갑사지에서는 1m가 넘는 백연어가 낚여 화제를 모으기도 했다. 백연어도 유료낚시터 관리인이 방류한 것으로 속성 성장하면서 대물이 낚인 것이다. 어종은 붕어, 떡붕어, 잉어, 백연어(지금은 거의 없어졌다), 블루길, 향어, 메기등 다양하다.

낚시터에 좌대가 설치되어 있어서 낚시하기에 편하다.

■ 교통

공주를 기점 공주대교를 건너 논산 방향 ㉓번 국도로 약 14km를 남진하면 계룡이며 '계룡산국립공원' 입구 간판이 커다랗게 세워져 있는 것을 볼 수 있다. 거기서 좌회전하면 제방이 보인다. 갑사지에서 갑사까지는 약 3km 거리이며 넓은 주차장과 매표소가 있다. 일반 교통편은 공주에

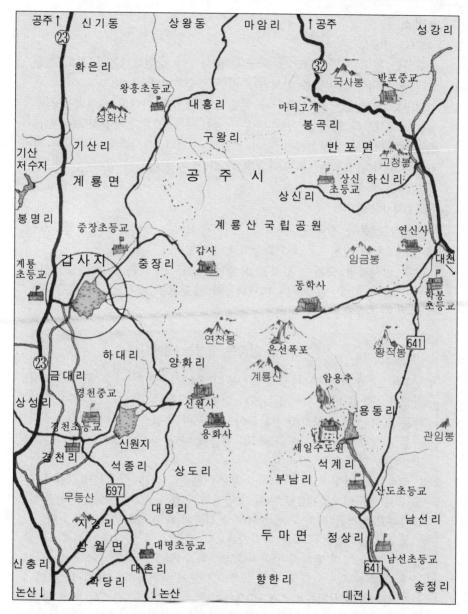

서 갑사행 시내버스가 5분 간격으로 다닌다.

숙박, 음식점은 낚시터옆 관리실에서 민박이 가능하고, 가든식 식당도 있다. 갑사로 들어가면 호텔, 장급여관, 민박집이 있고 식당도 많다.

■명소

□ 갑사(甲寺)

갑사는 백제 원년(420년)에 아도(阿道)화상이 창건했다는 고찰로 계룡산 서쪽 기슭에 들어앉은 산세가 수려한 명승지이다.

갑사로 들어서면 두 아름이나 되는 노송숲으로 이어지는 십리동구(十里洞口)에서부터 절경을 이루며, 부도(국보 제 396호), 철당간지주(국보 제 395호)를 비롯해서 문화재가 많이 보존되어 있다. 갑사에서 시작되는 계곡에는 군자대(君子臺) 용문폭(龍門瀑) 외 많은 경승지가 있어 낚시와 관광을 겸하면 좋다.

□ 동학사(東鶴寺)

계룡사 상봉산 계곡에 위치하고 있는 동학사는 통일신라 성덕왕 23년에 상원조사의 발원으로 회의화상이 창건하였다.

그후 몇차례의 중건이 있었고 오늘날에 이르는 것은 조선 순조 14년에 중건된 것이다. 현재에는 비구니들의 불교전문 강원으로서 비구니들이 불경을 공부하는 도장이다.

물고기의 옆줄은 고성능 레이더

붕어도 아가미옆에서 꼬리 지느러미까지 직선으로 28, 29개의 검은 점선이 비늘과 비늘 사이에 나타나 있다. 붕어뿐만 아니라 모든 물고기에는 외견상 점선이 보이거나 보이지 않으며 측점선이 있다.

물고기 측점선 얼개는 물고기의 종류에 따라 약간씩 차이는 있지만 작용하는 원리는 마찬가지다.

측점선은 살갗에 돌출해있는 촉각구(觸角球)라는 감각기관(감각세포)으로 이루어지고 있다. 이 돌기 물체가 수압의 변화, 수온, 진동등을 감지하고 신경을 거쳐 뇌에 전달해서 전파의 패턴으로 바꿔지게 된다.

물고기의 측점선은 다른 감각기관보다 중요한 일을 하게 되는데 사람의 시각과 개의 후각에 맞먹는다고 한다. 사람은 시각을 중심으로 사물에 대한 판단과 느낌을 갖게 되지만 물고기는 진동의 세계에서 살고 있기 때문에 시각이나 후각도 중요하지만 촉각 감각이 중심이 되어 행동이 이뤄진다는 것이다. 종족보존과 자체방어를 위해 물고기들이 질서정연한 무리를 구성할 수 있는 것은 눈의 힘보다는 측점선에서 느끼는 진동패턴의 덕분이라고 한다.

이곳은 충남지방문화재 제1호인 남매탑(오누이탑·청량사탑)과 금잔디고개로 이어지는 등산로는 당일코스로 봄과 가을에 특히 좋으며, 또한 매년 4월에 박정자마을에서 공원관리사무소까지의 벚꽃길이 일품이다.

각종 편의시설이 마련되어 있으며 유성온천도 가까이 있다.

□ 무령왕릉(武寧王陵)

1971년 송산리 5호분과 6호분의 침수방지 공사도중 발견된 것으로 백제 제25대 무령왕과 왕비를 합장한 무덤이다. 이를 통해 백제의 수준높은 과학, 수리학, 건축학을 엿볼 수 있으며, 특히 국보급 유물 12점을 비롯하여 많은 유물이 발견되었는데 현재 국립공주박물관에 소장되어 있다.

물고기의 부레(뜰 주머니)와 역할

물고기의 부레는 물고기가 물밑으로 가라 앉거나 뜨게하는 뱃속의 작은 뜰 주머니(풍선같이 생겼다)를 말한다.

부레는 소화관의 한 부분이며 산소, 이산화탄소, 질소 등이 기체기 들어 있다. 이 기체는 어체의 비중을 조절하거나 발음(發音)의 역할도 한다. 부레의 가장 중요한 역할은 수압에 따라서 어체의 비중을 조절하는 일이다. 수중을 헤엄쳐 다닐 때 기체의 양을 증감시켜서 표층으로 떠올라가기도 하고 바닥 밑으로 내려가기도 한다. 이 부레는 소뇌와 연결이 되어 있어서 물위로 떠올라가고 싶을 때 기체의 양을 증가시켜서 물의 비중을 가볍게 한다. 물밑으로 내려가고 싶으면 기체의 양을 덜어서 부레를 작게하면 된다. 이 작업이 소뇌의 명령에 의해서 순식간에 이루어지므로 신비하다고 할까.

잉어과에 속하는 어종에는 부레가 내이(內耳)와 연결이 되어 있어서 청각을 도와주기도 한다. 바다 고기 중 상어, 가오리, 홍어와 같은 연골 어종에는 부레가 없다고한다. 가자미, 관어 등도 성어가 되며 부레가 없으나 치어 때에는 부레가 있다. 물 밑에서 사는 가자미종류는 항상 물밑바닥에서 살기 때문에 부레가 퇴화한다는 것이다. 부레는 발음역할도 해서 적을 만났을 때 경계음을 내기도 한다. 짝짓기를 할 때 소리를 내어 상대를 유인하는 신호음으로도 이용된다.

미꾸라지, 보구치, 조기, 쏨뱅이, 성대, 우럭, 복 따위가 발음 물고기 종류에 속한다.

우목지(용봉지)

소재지 : 충청남도 공주시 우성면 용봉리
수면적 : 7만 7천평

씨알이 굵고 힘이 넘쳐

우목지(牛木池)는 1979년도에 공주군 우성면과 청양군 목면의 경계를 이루는 모덕사(慕德祠 · 면암 최익현 선생의 영정을 봉안한 사당) 옆 계곡을 막아서 만든 농업용수지로서, 담수가 1985년에 끝나면서 낚시가 시작되었다. 저수지의 본래 이름은 용봉지로 되어 있으나 우성면의 '우'와 목면의 '목'자를 따서 우목지로 부르게 되었다.

저수지가 꼬불꼬불하고, 중류 모덕사 입구와 상류 안량리 입구에 다리가 가로지르고 있어서 저수지가 세 개로 분리되어 있는 것처럼 보인다.

물이 맑고 차서 붕어의 입질이 잦지 않지만 입질을 해주면 씨알이 굵고 힘이 좋다.

1990년경 모덕교와 상류 안량교 사이 다리 밑에 그물을 설치하고 양어장낚시터로 만들었으나 허가가 나지않아 그물이 철거되었고, 1994년도 봄부터는 일반 유료낚시터로 허가가 나서 관리되고 있다.

낚시터는 하류권보다는 모덕교에서 상류쪽 특히 안량교 아래 위가 주 포인트다.

하류권에 양어장 낚시터, 모덕사 낚시터(전화 ; 0416-55-4818)가 있다.

■ **교통**

공주대교(터미널 앞) 기준 청양행 ㉜번 국도로 우성(면소재지)까지 약 7km, 우성에서 우성교를 건너 ㊱번 국도로 약 5km지점이 공수원(용봉리) 모덕교 입구 삼거리다. 거기서 우회전해서 약 1km를 들어가면 우목지 제방이다.

■ 명소

□ 모덕사(慕德祠)

제2의 현충사로 일컬어지는 모덕사는 면암 최익현(勉庵 崔益鉉) 선생의 영정(影幀)을 모신 사당이다. 우목지를 안고 있어서 참배 관광과 낚시를 겸할 수 있다. 모덕사와 호수, 산이 조화를 이루어 그림같은 경관을 빚어내고 있다.

□ 마곡사(麻谷寺)

태화산 계곡을 끼고 남향으로 자리삽고 있는 마곡사는 백제 의자왕 2년 자장율사가 창건하고, 고려 명종 때 보회국사가 중건한 것으로 제6교구 본산 사찰이다. 뒷산의 송림과 맑은 계류가 있어 나들이코스로 적격이며, 보물 제799호인 라마교 형식의 5층 석탑도 있다.

염치지

소재지 : 충청남도 아산시 염치읍 동정리
수면적 : 19만 7천평(35.6ha)

사계절 전천후 낚시가 계속

충무교(온양교)를 중심으로 다리를 건너 우측에는 현충사가 있고 좌측에는 염치지(鹽峙池)가 있다. 예전에는 염치지 상류에 있는 충무유원지가 염치지와 분리되지 않았었는데, 염치지가 유료낚시터로 관리되면서 분리되어 식당 등 편의시설을 이용할 수 없게 되었다. 염치지의 진입은 충무유원지 북쪽에 있는 양어장 낚시터 입구에서 진입하거나 아니면 제방 좌측으로 진입해야 한다.

염치지는 온양권의 낚시터가 모두 그렇듯 온수성이라 조황에 큰 기복이 없고 추운 겨울(비 결빙)만 빼놓고 낚시가 가능한 전천후 낚시터다.

염치지는 거의 45년 이상으로 노령화되어 그동안 바닥에 퇴적물이 많이 쌓였으나 1990년을 전후해서 꽤 오랫동안 골재 채취를 겸한 준설작업을 하느라고 낚시터가 휴무상태에 있었다.

완전히 바닥갈이를 한 것은 아니지만 바닥을 뒤집어 놓은 후라서 예전보다 조황이 좋아졌다는 평이다.

유료낚시터(관리실 전화 : 0418-43-7848)로 관리되고 있어서 붕어와 잉어는 계속 보충되고 있다. 어종은 붕어, 잉어가 주어종이다. 포인트는 제방 좌측에서 중류, 중상류, 상류에서 붕어가 잘 낚이고, 제방 우측 정자를 중심으로는 잉어가 잘 붙는다. 산란기 낚시는 충무유원지쪽인 상류 수초밭이 명당터다.

■ 교통

온양시내에서 ㊺번 국도로 북상하여 온양교를 건너 직진 약 2km쯤 달리면 삼거리가 나온다. 거기서 좌회전 약 1.5km쯤 서쪽(아산행)으로 가면 우측에 제방이 보인다.

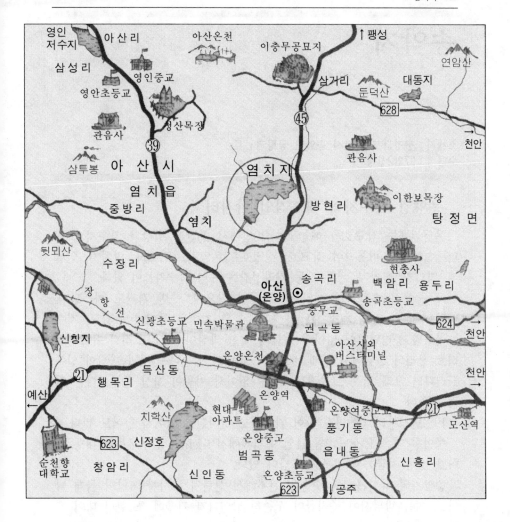

■ 별미

□ 황해식당

소재지 : 충청남도 아산시 온천동

전 화 : 0418-42-3144 (주인 이재관)

온양역전에서 온양관광호텔사이 큰 길가에 있다. 한국전쟁 때부터 지금껏 냉면과 갈비찜을 전문으로 계속하고 있는 전통음식점이다.

양념, 야채, 과일은 황해농장에서 재배하는 무공해 재료를 사용하고 있어 신선도를 자랑하고 있다.

송악지

소재지 : 충청남도 아산시 송악면 궁평리
수면적 : 37만2천평

온양권 저수지의 대표격인 낚시터

온양권에는 삽교호를 빼놓고는 10만에서 20만평 이상의 저수지가 많다. 송악지를 비롯하여 삽교호, 신정호수(온양지), 도고지, 염치지, 안골지, 영인지, 신창지, 쌍룡지 등 기라성같은 유명 저수지들이 있다.

그 중에서 송악지가 제일 크고 물이 맑으며, 주변 경관도 아름답다. 다만 아쉬운 것은 해발 90m나 되는 높은 지대에 들어앉아 있고, 저수 능력보다 몽리면적이 넓어서 가뭄에 약한 약점이 있다. 그러나 유료낚시터로 관리되고 있어서 쉽게 바닥을 드러내지 않는다는 것과 바닥이 일부 드러나면 으레 겪는 그물질도 할 수 없어서 자원이 항상 풍부하다는 강점도 있다.

1989년경부터 약 3년간 향어 가두리도 설치된바 있어서 향어도 많다.

특이한 것은 1988년 9월 11일 송악지에서 64cm의 전무후무한 대형 붕어가 낚여 지금까지 기록으로 남아 있다.

송악지의 낚시는 4월 중순을 전후해서 산란기 낚시에 씨알이 굵게 낚이고, 여름 밤낚시에 준치급이 꾸준히 낚이다가 가을에 또 한번 대어 호황을 보여준다.

저수지가 마치 바지 모양으로 두 갈래로 나누어졌는데 제방 우측은 동화리권이라고 부르고, 제방에서 만수위 때 최상류까지 약 2km, 제방 좌측권은 궁평리권이라 부르며 우측보다 호면폭이 조금 넓게 역시 약 2km 뻗어 있다.

낚시터는 동화리권이 호반길을 따라 포인트가 많고 상류 건너편도 편한 자리가 많다. 궁평리권은 호반에 가파른 산이 있어 건너편 산밑과 상류에서 낚시를 하게 된다.

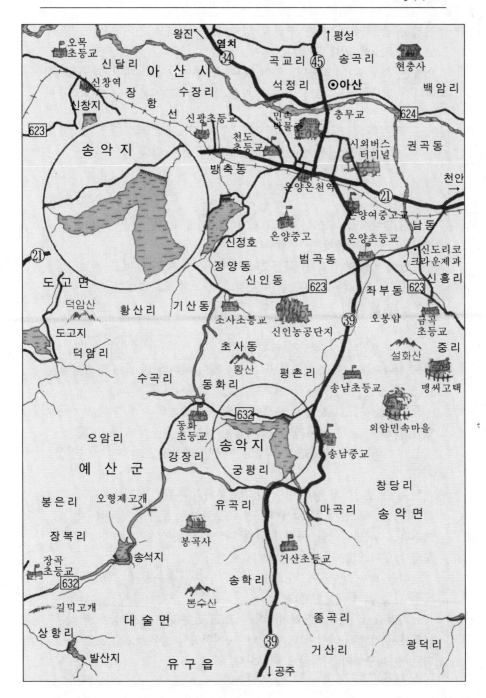

제방 우측 하류에 있는 관리실 앞에 배가 있어서 건너편으로 건널수 있고 요소요소에 좌대도 있다.

어종은 토종붕어, 떡붕어, 잉어, 향어가 주어종이고 예전 가두리에서 빠져나간 비단잉어도 크게 자라서 가끔 입질을 해준다. 우측 동화리쪽에

모기약 만진 손으로 떡밥 만지는 것은 절대 금물

낚시를 하다가 큰 붕어를 걸어 끌어 올리고 나서 기분이 좋아 담배를 한대 피운다.

또는 밤낚시를 하는데 모기가 덤비기 시작하자. 가방 속에 넣어둔 모기약을 손등, 목, 얼굴등에 바른다.

그런데 얼마후 입질이 좋던 것이 어찌된 일인지 뚝 끊어진다. 낚시인은 붕어가 자리를 옮겼나? 하며 투덜댄다. 그의 생각대로 붕어 무리는 모두 자리를 피해 도망친 것이다. 붕어들은 왜 자리를 피해 도망친 것일까?

붕어는 후각에 의해 모든 행동이 지배된다. 먹이인 미끼를 발견하는 것도 지나가는 길에 요행수로 발견하는 것이 아니라 꽤 많이 떨어져 있는 곳에 있는 미끼를 후각으로 찾아내고 접근하게된다.

모기약을 손으로 노출된 피부에 발라주고 있는데 이때 찌가 솟아올랐다고 하자. 그때 손에 묻은 모기약은 낚싯대 손잡이에 옮겨지고 또 깨끗이 씻어내지않은 손으로 떡밥을 만지면 떡밥에 모기약이 옮겨질것이다.

비록 그 모기약의 양은 아주 작지만 붕어의 후각은 예민해서 적은 양의 화학성분도 쉽게 알아차린다. 결국 모아놓은 붕어를 무의식중에 쫓아버리게 되는 것이다. 붕어가 담배 니코틴 따위를 좋아할 리 없고 살충제가 들어 있는 모기약은 무척 싫어한다.

담배를 피우고 난뒤 그리고 모기약을 만졌을 때는 손을 깨끗이 씻어내는 것을 잊어서는 안된다.

모기약도 요즘은 스프레이식이 나오고 있는데 이것도 몸에 뿌리는 과정에서 떡밥에 약이 섞이게 된다. 즐거워야할 하루가 스스로의 부주의로 빈 바구니가 되지않게 해야한다.

는 매운탕집과 민박집이 있고, 좌측 궁평리 상류에는 송암주유소 휴게소가 있다.

궁평리쪽은 상류에 있는 송암주유소에서 들어서면 되고 동화리쪽은 제방에서 우측으로 대술행 버스길로 들어서면 상류까지 포장길이 이어진다.

■ 교통

온양시내 구터미널 옆 건널목으로 들어서서 유구~공주행 ㉟번 국도로 남진하여 5km 지점이 송악이다.

송악까지는 온양 시내까지 들어가지않고 모산 고가도로를 넘어서면서 좌측에 있는 삼거리에서 좌회전한 후 지방도로로 접어들어 신도리코~크라운제과 앞을 지나 3km 지점 좌부동 다리를 건너면서 ㉟번 국도와 만난다. 거기서 좌회전 3km쯤 더가면 송악이다. 송악에서 1km를 가면 송악지 제방과 만나고 우측이 대술행이고 좌측이 유구행이 된다.

일반교통편은 온양터미널 앞에서 시내버스 송악경유 대술행은 우측상류로 들어가고, 송악경유 유구행은 좌측 상류로 들어간다. 택시를 타면 시내에서 송악지 제방까지 10분 거리이다.

■ 명소

□ 외암민속마을

온양은 온천장으로 시설이 잘 갖추어져 있고, 송악면소재지에서 약 2km를 들어가면 외암리와 역촌리 사이에 외암민속마을이 있다.

이곳은 1988년 전통 건조물 보존지구 제2호로 지정되었는데 500여년 전부터 지방고유 전통양식의 반가(班家)를 중심으로 아담한 돌담이 둘러쳐진 초가집과 송림이 감싸도는 느티나무 아래 정자와 연못, 물레방아 등이 그대로 보존되고 있다.

또한 민속생활용품을 전시하는 민속전시관도 있다. 영화나 TV드라마를 찍는 장소로 많이 사용되고 있는 곳이다.

도고지

소재지 : 충청남도 아산시 도고면 석당리
수면적 : 28만 4천평(94.7ha)

피로 풀 수 있는 도고온천의 전천후 낚시터

도고지(道高池)는 1930년도인 일제때 만들어졌으면서 지금도 꾸준히 호황을 보여주는 유명낚시터다. 아쉬움이 있다면 옛날에 만들어져서 수심이 얕은 탓으로 가뭄에 쉽게 바닥을 드러내는데 유료낚시터로 관리되고 있어서 사수면적 수위는 유지하게 됐다.

도고지의 조황은 연중 꾸준하며 봄에는 수초낚시, 여름에는 밤낚시, 가을에도 수초낚시, 겨울에는 얼음낚시를 한다. 그러니까 얼음이 얼기 시작하고 녹기 시작할 때만 낚시를 할 수 없는 이른바 전천후 낚시터다.

또 도고지의 특색은 1970년대, 1980년대 초반에는 월척이 많이 낚였는데 근년에 와서 전천후화되면서 씨알은 25cm 이하로 15~20cm로 획일화되고 있다.

봄에는 상류 다리 부근 수초밭 일대가 포인트이며 물이 빠지기 시작하면 중상류 일대다.

도고지에서는 떡밥미끼가 잘 듣는 특성도 있다. 어종은 붕어, 떡붕어, 잉어 등이다.

■ 교통

천안IC를 벗어나 ㉑번 국도로 온양까지 간다. 온양에서 도고레저타운 입구까지 약 10km, 거기서 약 1km를 더 가면 좌측에 대술로 들어가는 삼거리가 있다. 그곳에서 좌회전 약 1.5km쯤 들어가면 도고지다.

가까운 곳에 도고온천장이 있어서 낚시 귀가길에 잠시 들러 피로를 씻으면 건강에 도움이 될 것이다.

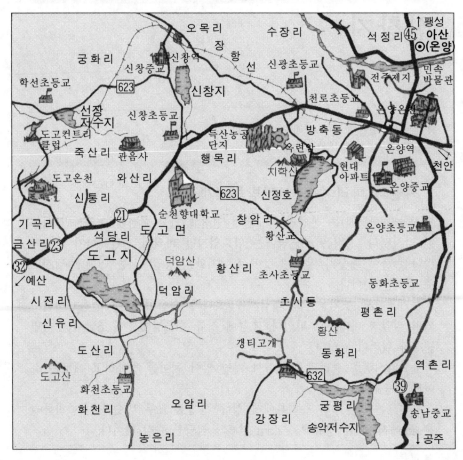

■명소

□ 도고온천

소재지 : 충청남도 아산시 도고면 기곡리

온양온천장에서 ㉑번 국도로 서쪽 예산 방향으로 약 10km를 가면 있는 도고레저타운 입구에서 1km쯤 들어선 곳에 있다. 개발하기 시작한지는 오래되었지만 온양온천에 가려져 발전을 못하고 있다가 1991년경부터 개발 붐을 타고 있다.

수질은 나트륨, 칼슘, 유황이 주성분이며 신경통, 피부병, 위장병, 부인병, 무좀, 안질, 비듬, 풍치 등에 효험이 있다고 알려져 있다. 도고레저타운에 호텔, 여관, 골프장 등 위락시설이 늘어나고 있다. 도고온천 가까이에는 선장지와 도고지 그리고 삽교호, 선장수로 등 유명낚시터가 많다.

신창지

소재지 : 충청남도 아산시 신창면 오목리
수면적 : 10만 4천평(34.6ha)

씨알과 마리 수를 보장받는 4계절용

신창지(新昌池)는 온양권 곡교천에 인접해 있고 야산에 둘러싸인 아늑한 낚시터다. 지령은 40년밖에는 안되었지만 바닥이 감탕에다가 수초가 많아서 물이 깨끗치 않다는 것이 흠이지만 온양권에서는 전천후 낚시터로 꼽히는 곳이다.

늦가을에서 초겨울까지 대낚시를 하다가 얼음이 얼면 얼음낚시터가되며 씨알과 마리수로 낚인다. 초봄에 상류 수초밭에서 수초낚시를 하면 준척과 월척이 낚인다.

유료낚시터로 관리되고 있어서 매년 잉어 치어를 방류하고 때로는 붕어도 보충된다.

포인트는 좌·우와 중하류에서 상류 사이로 모두 비슷하다. 중하류권은 2m에서 2.5m, 상류쪽은 1.5m 전후가 적당한 수심 때이다.

■교통
경부고속도로에서 천안IC 기점 ㉑번 국도로 일단 온양까지 간 다음 온양에서 예산행 ㉑번 국도로 5.5km 지점이 신창삼거리다. 거기서 우회전 하면 상류가 나오고 차도는 상류에서 좌측으로 들어간다.

중류 쯤에서 선장으로 가는길이 623번 지방도로가 좌측으로 열리고 직진하면 제방이며 오목리가 나온다. 오목리에서도 온양으로 나가는 길이 있다.

■명소
□ 맹사성 고택
소재지 : 아산시 배방면 중리
설화산을 서쪽으로 등지고 배방산을 동북으로 바라보는 맹사성 고택은

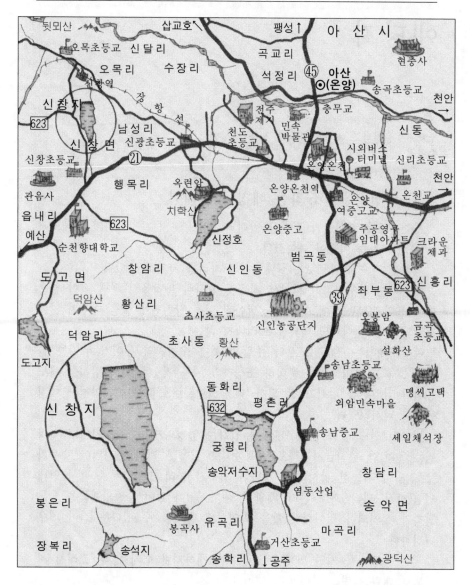

수백년간 보존되어온 유물이다. 이 집은 고려말 최영장군이 지은 것을
그의 손자 사위인 고불의 부친 맹희도가 인수하여 대대로 살아왔다. 맹
고불의 고택, 구괴정, 쌍행수를 망라하여 아산 맹씨행단(사적 107호)이라
한다.

예당지

소재지 : 충청남도 예산군 대흥면 노동리(제방)
수면적 : 3백 29만평(1.097ha)

'태공 신병훈련소'라는 애칭이 말해줘

1962년도에 예산군과 당진군 일대의 농업용수지로 만들어져서 예당지(禮唐池)라는 이름이 붙여졌다.

아직은 저수지 규모로는 국내 1위의 자리를 차지하고 있다.

예당지는 사수면적이 넓어서 지금껏 완전히 바닥을 드러낸 적이 없으며 더욱이 1979년도에 삽교호가 막아진 이후 당진권에 물을 대주지 않아 최악의 가뭄이 아니면 바닥을 드러내지 않는다.

예당지에서는 1965년도부터 주말 하루에 수천관의 붕어가 낚이는 놀라운 호황을 보여주었을 뿐더러 초심자가 찌를 거꾸로 끼워 낚시를 해도 붕어가 낚일만큼 낚시가 잘 되어 '태공 신병훈련소'라는 애칭까지 붙여진 유명한 낚시터였다.

낚시터 만수 둘레가 약 28km에 달하는 엄청나게 큰 저수지이며 제방권(노동리)만 낚시금지구역으로 제한되고 있을뿐 거의 전지역이 승용차로 진입이 가능한 낚시터다. 게다가 저수지 둘레 지역단위로 낚시 안내인집(밥집, 민박, 좌대 관리, 배관리, 주차 등)이 있어서 편의제공은 물론 전화가 설치되어 있어서 조황을 확인하고 들어갈 수 있다는 점이 매우 편리하다.

넓은 예당지를 지면 몇 장으로 전부 소개하기란 쉽지 않다. 그래서 지역별로 대략 설명을 한다.

□ 평촌-등촌리

예당지의 우안 중하류에 속한다. 진입은 예산시내에서 대흥 이정표따라 약 4km의 제방까지 가서 우회전하면 호반길이 등촌이를 경유 상류까지 이어진다.

중류권 평촌초등학교 앞을 지나면서 넓게 후미진 일대가 평촌리 낚시 터다.

□ 신리

평촌에서 상류 방향 호반길로 약 1km를 가면 다리가 있다. 거기서 교 촌교 사이가 신리권이며 교촌교 부근은 계절을 가리지 않고 낚시가 되는 곳이다. 거기에도 좌대가 적절히 배열된다. 밥집, 좌대집이 있다.

□ 교촌리

예당지 우안 중류권의 노른자위 낚시터이다. 교촌교에서 약 1.2km 거 리의 도접교 사이에 위치해 있다. 이곳도 예당지의 전천후낚시터 중심권 이며 낚시안내인집이 많다.

□ 대흥권

예당지 우안 중상류권에 해당된다. 이곳은 교촌리에서 1km쯤 더 상류 쪽으로 거슬러 올라간 곳이며 예당지의 교통 중심부다. 예당지를 경유하 는 청양행 버스가 여기서 정차한다. 대흥면 소재지라서 여관, 식당, 민박 집이 많다.

낚시터는 완만한 수심에 말풀까지 돋아나서 예당지에서는 좌대가 가 장 많이 떠있는 곳이다. 수위가 많이 떨어지면 대흥권이 드러나게 된다. 이곳 낚시터에서 가장 오래 낚시안내인집을 지켜온 전 양식계장 백의행 씨(전화 : 0458-32-0020)가 대흥권에 있다.

□ 오리장

대흥에서 약 1km 상류쪽으로 거슬러 올라간 지점. 약간 언덕이 져있 는데 예전에 이곳에 오리를 길렀다해서 오리장으로 통한다. 정확히는 상 중리가 된다. 오리장 앞으로 물골이 지나고 있어서 여름 밤낚시터다. 포 인트는 오리장에서 상류로 이어진다.

□ 동산교

무한천이 흘러드는 하구이며 동산대교가 상류를 가로지르고 있다. 이 곳 다리 상류쪽에는 수초밭이 있었으나 토사채취를 겸한 준설공사 당시 수초밭이 모두 제거되었다. 만수때는 동산교 부근에서 무한천이 이어지 는 관음리까지 수위가 올라가며 봄 낚시터가 된다. 그러나 30% 정도만 물이 빠져도 동산교 부근은 개울골만 남는다. 동산리에 낚시안내인집이 여러집 있다.

□ 장전리

어떻게 할까?

동산교를 건너서면 넓게 펼쳐지는 저지대 수초밭이며 만수위 때인 봄에는 붕어산란장이 된다. 동산교에서 신양으로 가는 도로를 따라 2.5km쯤에 장전교가 있는데 장전교 부근도 봄낚시터다. 장전교 부근에 있는 낚시안내인집에서 설치한 좌대가 많다.

□ 월송리(도덕골)권

도덕골은 월송리 건너편 송지리와 하탄방 사이를 말하는데 낚시인들은 이곳 전체를 도덕골로 지칭한다. 월송리 일대는 신양에서 신양천과 달천이 합쳐서 예당지로 흘러드는 예당지의 두 개의 상류중 하나이며 오리장 맞은 편에서 동산교 밑으로 흐르는 무한천과 합류하게 되는데 여기 월송리권도 저지대(토사가 밀려내려와서)이며 만수 때의 낚시터다.

월송리(도덕골권)는 만수위를 이루기 시작하는 9월 하순부터 이듬해 4월 하순에 수문을 열 때까지 개울줄기와 수몰한 논에서 많은 붕어가 낚인다. 이곳 월송리에는 낚시안내인 윤홍지씨(전화 : 0458-33-7763)외 몇 집이 있다.

□ 송지리 · 대야리 · 신속리

대흥에서 건너편에 보이는 대안이며 진입은 제방권인 노동리를 거쳐 진입한다. 예산에서 제방까지는 약 5km로 노동리에서 호반길로 들어서면 신속리~대야리~송지로 이어지고, 노동리에서 좌측길로 들어서면 도덕골쪽인 하탄방으로 이어진다.

신속·대야·송지리는 여름 밤낚시터이며 이곳에도 낚시안내인집이 있다. 대흥에서 대야리쪽으로는 하루 두 세 번 행정선이 있다.

낚시터가 워낙 광범위해서 되도록이면 낚시안내인집을 찾아 그때 그때의 조황에 따라 안내인의 조언을 받는 것이 유리하다. 현지 안내인들은 대부분 고령자이며 예당지와 함께 생활을 해와서 예당지의 생리를 소상히 알고 있다.

■ 교통

예당지는 예산시내~예당지 제방~제방밑 길~등촌리~ 대흥으로 진입하는 것이 가장 적절하고, 신속리·대야리·송지리 또는 하탄방은 예방지 제방에서 신속리로 들어서면 쉽다.

■ 명소

□ 임존성지(任存城址)

소재지 : 충청남도 예산군 대흥면 상중리

대흥면 마을 뒷쪽에 아담하게 솟아있는 봉수산(484m)에는 사적 제90호로 지정된 임존성지가 있어서 많은 관광객들이 찾아온다.

임존성의 둘레는 약 4km. 석축산성으로 복신(福信), 도침(道琛), 흑치상지(黑齒常之)등이 이곳을 기점으로 백제 부흥운동을 꾀했다고 한다.

□ 덕산온천

소재지 : 충청남도 예산군 덕산면 사동리

천안IC~온양~신례원~예산외곽도로~삽교를 지나치면 덕산이다.

덕산읍내에서 수덕사 방향으로 약 1.5km를 달리면 논가운데에 덕산온천이 있다.

덕산온천이 개발되기 시작한지는 꽤 오래되었지만 온양온천이나 도고온천에 가려져 빛을 보지못하고 있었다. 1993년경부터 기존 관광호텔외에 하나 둘씩 숙박시설이 늘어나기 시작했다.

덕산온천은 평균 수온 52℃로 백암온천, 유성온천, 수안보온천 등과 거의 비슷한 수질이다. 수질은 라돈, 나트륨, 불소이온, 황산염이온 등으로 좋은 성분의 온천장이다. 신경통, 류머티즘, 관절염, 백혈구 증가, 노쇠현상, 생식기질환 등에 효험이 있다고 한다.

덕산온천장에서 가까운 곳에 옥계지가 있고 윤봉길의 추모비와 수덕사가 있다. 호서의 소금강이라 불리우는 수덕사 일대의 가야산을 포함 덕산도립공원으로 지정되어 있다.

□ 덕산 도립공원

소재지 : 충청남도 예산군 덕산면 사천리

예산읍에서 서쪽으로 붉고 희게 물들여진 코스모스 사이로 쭉뻗은 차도로 20km쯤 가면 덕산면 사천리에 다다른다. 이 마을에 우뚝 솟아있는 덕숭산은 호서의 금강산이라 불리울만큼 그 경치가 아름답다.

1973년 도립공원으로 지정된 이 산은 원효봉 · 석문봉 · 덕숭산과 해태바위 등의 기암절벽과 울창한 수목 그리고 폭포가 어우러져 아름다운 자연경관을 이루고 있다.

■ 별미

□ 삼선식당

소재지 : 충청남도 예산군 예산읍 임성동

전 화 : 0458-32-2036 (주인 윤오순)

예산읍내 소복갈비집과 함께 삼선식당은 한정식집으로 알려져 있으며 전통향토음식점으로 지정되어 있다. 주인이 시어머니로부터 대를 이은 30년 전통을 지켜오고 있다.

한정식 밑반찬은 된장찌개, 불고기, 생선국, 각종 젓갈, 마른 반찬 등 20가지가 넘는다.

□ 수덕사 그때그집

소재지 : 충청남도 예산군 덕산면 사천리

전 화 : 0458-37-0133 (주인 이보민)

덕산도립공원 수덕사 입구에 있는 산채정식 전문집이다.

이 집 주인이 해마다 심산유곡을 찾아다니며 몰아온 나물을 말린 다음 창고에 가득 채워놓고 사용한다.

더덕은 수분 증발을 막기위해 땅에 묻어 둔다고 한다.

덕산지(옥계지)

소재지 : 충청남도 예산군 덕산읍 옥계리
수면적 : 9만평(30ha)

5월초 산란때 월척붕어 양산

1987년도에 제방을 높여지는 공사가 이루어진 후 수면적이 늘어났고 1992년도에는 골재 채취를 겸한 준설이 이루어져 덕산지가 35년만에 (1957년 준공) 새로운 모습으로 등장했다. 예전에는 바닥도 자주 드러났고 그물질도 심해 낚시꾼이 외면하던 곳이다.

도립공원으로 지정된 가야산(677m) 동쪽 기슭에 들어앉아 있어서 물이 맑고 찬 편이다. 그래서 충남권 저수지에서는 붕어의 산란이 늦어 매년 5월초가 되어야만 산란을 하고 이때쯤 월척붕어가 양산된다.

저수지가 약간의 굴곡이 있으면서 대체로 둥근 모양을 하고 있다. 저수지가 비교적 완만한 경사지에 들어앉아 있어 앉을 자리는 많다. 그러나 5월의 포인트는 최상류의 가야교에서 건너편에 보이는 향교 건물 좌, 우편에 붙으면 된다. 제방 우측마을로 이어지는 도로변의 마을회관 앞쪽 대나무숲 옆의 돌출부가 명당터다.

어종은 붕어, 잉어 외에 약간의 향어가 있고 피라미가 많다. 산란기를 제외하고는 낮낚시는 피라미의 성화를 받게되므로 밤낚시를 해야한다. 피라미는 굵고 깨끗해서 피라미 낚시를 전문으로 하는 이도 있다.

숙식은 마을이 있으나 어려워 덕산까지 나가야 한다.

■교통

경부고속도로 천안IC를 벗어나 ㉑번 국도로 온양~예산외곽도로, 예산에서 ㊺번 국도 삽교~덕산에서 (5분거리) 서쪽 방향으로 직진 약 1.5km를 들어가면 덕산지다. 읍내 오거리에서 멀리 제방이 보인다.

■명소

□ 수덕사(修德寺)

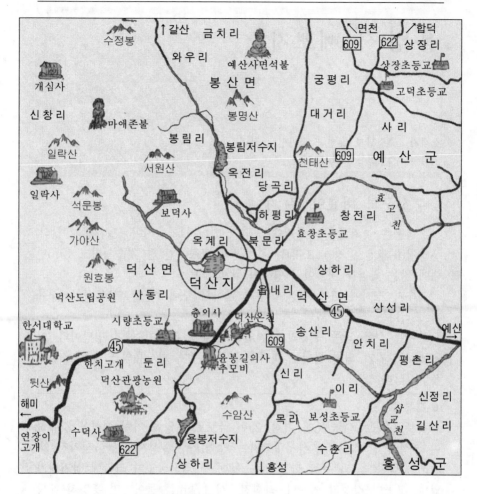

소재지 : 충청남도 예산군 덕산면 사천리

　도립공원으로 지정된 곳에 있는 용자가 아름답고, 기암괴석과 노수고
목이 우거진 덕숭산(德崇山·449m)에 불당이 많은 대사찰이다.

　이 절의 창건연대에 대해 백제 말 숭제법사의 창건설과 통일신라때
원효대사가 중수, 수도하고 고려때는 나옹화상이, 근세에는 경허선사가
특히 송만공선사가 수석하면서 선풍을 크게 떨쳤다.

　특히 국보 제49호로 지정되어 있는 수덕사 대웅전은 현존하는 최고의
목조건축물로 영주 부석사 무량수전과 안동 봉정사 극락전과 어깨를 같
이 하는 값진 문화재이다.

홍양지 (뻬뽀지)

소재지 : 충청남도 홍성군 금마면 장성리
수면적 : 25만 9천평(86.4ha)

홍성군의 대표인 큰 저수지

홍성군은 높지않은 야산지대로 되어 있어서 저수지가 그리 많지 않다. 홍양지(洪陽池 일명 뻬뽀지)는 홍성군의 대표적인 큰 저수지이고 1970년대에 많은 월척을 내놓아 유명해진 낚시터다.

저수지 크기에 비해 수심이 깊지 않아서 모내기철만 되면 상류, 중류가 드러나는 약점이 있다.

봄에는 상류 남쪽 구룡리로 진입하는 넓게 후미진 곳이 명당이다. 이곳에 산란기가 되면 월척급 대어들이 모여든다. 최상류의 얕은 수초밭도 봄낚시터다.

■교통

경부고속도로 천안IC를 기점. ㉑번 국도로 온양을 거쳐 예산을 경유하여 홍성에 들어온다. 홍성시내까지는 약 21km. 홍성시내 들어서기전 약 2km 지점 논을 좌, 우로 끼고 있는 곳 중간 직선국도가 좌측에 삼거리가 있다. 그곳이 장성리 뻬뽀다. 좌회전해서 1.5km를 들어가면 홍양지 제방이다. 큰길에서 홍양지 제방이 보이지는 않는다.

상류쪽으로 들어서려면 홍성시내에서 ㉙번 국도로 동남방향으로 고암교와 철길을 건너 약 2km를 가면 구룡리이고, 언덕길 좌측으로 소로가 있다. 좌회전해서 약 8백m쯤 가면 상류가 나온다.

■별미

□ 뻬뽀어죽집

소재지 : 충청남도 홍성군 금마면 장성리

전　화 : 0451-32-0392 (주인 김동섭)

금마면 장성리라면 외지사람은 잘 모르지만 삐뽀라면 쉽게 알 수 있다. 삐뽀저수지 둑아래 큰 길가 마을이기 때문이다.

어죽은 충남 서부지역의 명물이며 홍성, 예산, 서산, 해미지방으로 가면 저수지 주변은 물론이고 어죽 전문집이 많다.

어죽은 붕어, 잉어, 메기, 피라미 등 민물고기의 살을 발라내고 고추장 등 각종 양념을 넣어 끓인뒤 쌀국수를 넣어 다시 끓여낸 죽이다. 고추장 맛이 좋아야 비린내가 나지않고 맛이 난다고한다.

대사리지

소재지 : 충청남도 홍성군 갈산면 대사리
수면적 : 4만 9천평

고북지 위에 들어앉은 계곡 저수지

1983년도에 준공한 대사리지(大寺里池)는 북쪽에 있는 고북지(13만평)와는 약 7백m 밖에 떨어져 있지 않지만 고북지보다 70m나 높은 1백m의 고지대에 들어앉은 계곡 저수지다.

물이 차고 맑아서 낚시가 안될 것이라는 예상을 뒤엎고 축조된지 2년만에 25cm급을 계속 내놓은 별난 저수지다. 하류쪽은 옛날 개울과 논이였고 상류는 마을이었던 관계로 수몰해서 붕어가 일찍 생성한 것으로 보여진다.

하류쪽은 수심이 깊어서 상수위때에는 앉을 자리가 없으나 중류에서 상류쪽은 집터자리이며 수초도 깔려 있어서 포인트가 많다.

어종은 붕어와 피라미가 주종이다. 적기는 4월 하순에서 5월초사이 그리고 물이 빠진 다음의 밤낚시, 가을 밤낚시에 특히 씨알이 굵게 낚인다. 홍성~해미~서산간 ㉙번 국도변에 제방이 보이며 상류까지 아스팔트길로 이어진다. 상류에서 북쪽방향 비포장길로 약 7백m를 들어가면 고북지 우측 상류가 된다.

상류에 있는 가겟집에서 식사를 맡아주며 마을에서 민박이 가능하다.

■ 교통

천안IC기점. ㉑번 국도로 예산외곽도로~오가리삼거리에서 우측길로 ㊺번 국도를 바꾸어 직진 삽교~덕산에서 남쪽 윤봉길 추모비 있는 수덕교에서 622번 지방도로로 좌회전 올라 갈산까지 간 다음 우회전한다. 갈산에서 ㉙번 국도로 해미~서산방향으로 약 3.5km를 가면 극동주유소 앞 삼거리에 이른다. 주유소를 끼고 우회전하면 제방이 보인다.

또는 ㊺번 국도로 해미에서 ㉙번 국도로 남진하여도 된다.

■ 별미

□ 충남식당

소재지 : 충청남도 홍성군 홍성읍 오관리

전　화 : 0451-32-2503 (주인 박흥섭)

홍성읍 세일은행앞에 있는 50년 역사의 한정식 전문식당이다.

정갈한 젓갈류와 한우 불고기 그리고 홍성지방 재래 고유음식인 된장찌개가 이 집이 대대로 이어오는 맛이다.

미스코리아 진의 집으로 더 잘 알려져 있다.

고북지(신송지)

소재지 : 충청남도 서산시 고북면 신송리
수면적 : 13만평(43.3ha)

서산 유일의 전천후 낚시터

1982년도에 만들어진 고북지(高北池)는 소나무 숲이 덮인 야산에 둘러싸여 경관이 빼어난 저수지다. 축조 이듬해부터 월척이 쏟아져 나와 서산의 낚시인들을 어리둥절케 했는데 이 고북지가 지령이 15년 밖에 되지 않으면서 서산 유일의 전천후 낚시터로 명성을 떨치고 있다.

고북지는 남쪽 7백m에 있는 대사리지(4만9천평)와는 수온이 반대로 온수성이어서 겨울에도 쉽게 얼지않고 얼어붙어도 곧 해빙이 된다.

저수지 주변에 흰 눈이 덮인 날에도 대낚시에 붕어가 입질을 해준다. 낚시는 살얼음이 언 때를 제외하고는 항상 낚시가 가능해서 초겨울에도 전북지방의 낚시인이 텐트를 쳐놓고 숙박낚시를 할 정도로 낚시터에는 계절을 가리지않고 낚시인의 그림자가 보인다.

고북지는 상류가 좌, 우로 나누어져 있는데 수심이 완만해서 양쪽 모두 포인트가 많다. 우측 상류는 좌측 상류보다 좁지만 반면에 수초밭이 보기 좋게 깔려 있다. 좌측 상류는 야산을 끼고 아늑하게 포인트가 펼쳐지고 있다.

어종은 붕어, 잉어, 향어가 올라 온다. 향어는 가두리에서 빠져나온 것들이다. 우측 중류 호반에 음식점이 있어서 식사는 어렵지 않다.

■ 교통
천안IC~온양~예산외곽도로~오가리 삼거리에서 우측으로 직진 삽교~덕산에서 남쪽 갈산까지 간 다음 갈산에서 해미~서산행 ㉙번 국도로 6km를 가면 우측에 고북지 제방이 보인다.(※대사리지 참고)

■ 별미
□ 삼기수족관

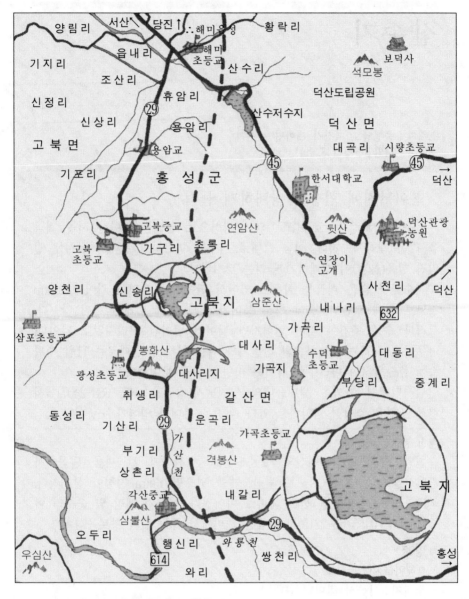

소새시 : 충청남도 서산시 동문동
전　　화 : 0455-665-5392 (주인 정재원)
　서산시내 서산축협 앞 큰 길가에 있다. 상호 그대로 활어회 전문집이다.
밑반찬으로 서산의 명물이며 전통음식인 꽃게젓과 어리굴젓을 내놓는다.

산수지

소재지 : 충청남도 서산시 해미면 산수리
수면적 : 14만 5천평(148.3ha)

붕어낚시에 현음이 상쾌하게 들려

산수지(山水池)는 호서(湖西)의 금강산으로 일컫는 가야산 서쪽 계곡을 막은 계곡저수지다. 이름 그대로 산수가 명료하고 붕어가 낚시에 걸리면 현음(絃音)이 상쾌하게 들리는 낚시터다.

저수지가 넓은 계곡을 이루고 있어서 만수때는 수면의 길이가 2.5km 정도로 길게 뻗는다. 물이 차서 붕어가 어느 때고 쉽게 낚이지 않는다. 그러나 수온 조건이 맞아 떨어지면 낮이건 밤이건 가리지않고 낚인다. 아무래도 적기는 4월 하순의 산란기와 여름 밤낚시다. 때로는 11월 추위 속에서도 월척이 마리수로 낚이는 이변을 가끔 보여준다.

낚시터에서 가까운 해미읍내의 양지낚시(김상운 ; 0455-688-2407)에서 항상 조황을 소상히 파악하고 있다. 어종은 붕어와 잉어가 주종이다.

■ 교통

천안IC에서 온양~예산외곽도로~삽교~덕산까지 간 다음 덕산에서 가야산을 넘는 ㊺번 국도로 뒷산고개를 넘으면 13km 지점이 산수지다. 국도가 산수지 좌안을 끼고 해미로 이어진다. 산수지 제방 밑 순수리 어죽집(전화 ; 0455-65-2215)의 어죽은 해미에서 꼽는 별미 향토음식이다.

■ 명소

□ 해미읍성(海美邑城)

소재지 : 서산시 해미면 읍내리

조선시대의 대표적인 읍성(읍을 둘러싸고 세운 평지성)으로서 성종 22년(1491)에 축성하였는데, 총길이가 1,800m, 성벽 높이 5m로 정문인 진남문(鎭南門)과 망루가 잘 보존되어 있으며, 동문과 서문은 다시 복원한 것이다.

□ 개심사(開心寺)

　백제 의자왕 14년 혜강국사가 창건하여 고려 충정왕 2년(1350)에 처능 대사가 중건했으나 대웅전 기단만이 백제시대의 것이고, 건물은 임진왜란 후 다시 중건한 것이다. 이 절은 충남의 4대 사찰 중 하나로서 고려시대 명사찰로 추정되며 특히 대웅전은 조선초의 건물로 보물 제143호로 지정되어있다. 특히 벚꽃 계절이면 전국에서 많은 인파가 몰린다.

□ 마애삼존불

　보원사지(普願寺址)에서 서북으로 1km 벌어진 가야협(伽倻峽) 어귀에 있는 이 삼존불은 7세기초에 조성된 듯하다. 중앙의 본존인 여래입상, 좌측의 관음보살입상, 우측의 반가사유상이 조각 기법이 절묘하여 다시 한 번 백제인의 온화하면서도 낭만적인 기질을 엿볼 수 있다.

풍전지

소재지 : 충청남도 서산시 인지면 풍전리
수면적 : 24만평(80ha)

어종이 다양한 명성을 유지

풍전지(豊田池)는 광복이 되던 해 18만평 규모로 만들어졌으나 용수 부족으로 1986년경 제방을 높여 약 5만평 이상으로 수면적이 늘어났다.

수위가 높아지면서 3,4년동안 조황이 주춤했었는데 1990년도에 들어서면서 조황이 회복 기미를 보이기 시작했고 특히 얼음낚시에서 월척급 대어가 많이 낚여 예전 풍전지의 명성을 되찾아가고 있다.

포인트는 제방 좌, 우측 중류에서 상류쪽이 조황이 돋보이고 있다. 어종은 붕어, 잉어가 주종이고 잡어로 메기, 장어, 피라미가 있다.

상류쪽은 서산시내에서 대산행길로 들어서서 1km쯤 가다가 좌회전 갈산쪽으로 약 1km를 들어가면 제방 우측 상류가 나오는데 수초가 있고 수심도 적당해서 봄, 가을낚시 명당터가 된다.

풍전지 둑 밑 어죽집으로 유명한 뚝방어죽집이 풍전지 제방밑 우측에 있다.

■ 교통

서산시내에서 태안행 ㉜번 국도로 약 2.5km 가면 우측에 제방이 보이며 둑 우측에서 좌측으로 둑밑 길이 이어진다. 상류까지 들어갈 수 있다.

■ 명소

□ 부석사(浮石寺)

소재지 : 충청남도 서산시 부석면 취평리

서산 남쪽의 도비산 기슭에 자리잡고 있는 이 절은 신라 문무왕 17년 (667)에 의상대사가 창건하여 무학대사가 중건하였다고 전해지는 사찰로 극락전, ㄴ자형을 펼쳐놓은 듯한 요사채와 심검당, 승사, 안향루 등으로 이루어져 있다.

마룡지

소재지 : 충청남도 서산시 부석면 마룡리
수면적 : 4만 7천평

서산지역 낚시터의 제왕

1961년도에 천수만에 인접해서 만들어졌을 당시는 둑에서 불과 2,3백 m 거리에 천수만 바다가 있었으나 지금은 현대 천수만 간척지 B지구로 개간되어서 바다대신 광활한 논이 들어섰다.

마룡지(馬龍池)는 본래의 몽리면적이 좁아서 저수지의 물은 항상 넉넉하다. 그래서 서산지역 또래 크기 저수지에서는 월척이 낚이지 않지만 마룡지에서는 월척이 잘 낚인다는 곳이다.

제방 정면에 낮은 구릉을 끼고 상류가 좌, 우로 나누어져 포인트가 다양하다. 수초가 많아서 수초를 비켜 앉으면 된다.

낚시 적기는 복중만 빼놓고 사철 낚시가 가능하다. 얼음이 얼면 얼음 낚시도 잘 된다.

■ 교통

서산시내 기점 349번 지방도로 따라 부석을 경유 18km를 창리쪽으로 남진하면 창리 방조제 3km 못가서 우측에 마룡지가 내려다 보인다.

■ 명소

□ 간월도

천수만 한가운데 떠있던 바위섬이었으나 지금은 국내 최대의 간척사업으로 인해 이름으로만 섬행세를 한다.

즉 간척지의 A지구 방조제가 섬을 걸치고 지나면서 방조제 한 가운데 전망대처럼 매달려 있고, 10평 남짓한 간월암 암자만이 섬의 명맥을 잇고 있다.

간월암은 조선초기에 무학대사가 창건하고 만공대사가 중건한 암자로

서, 이곳에서 천수만 앞바다를 바라보는 것이 상당히 낭만적이며, 어항 선착장에서의 싱싱한 횟감과 해물맛이 일품이다.

신두1호지 (닷개지)

소재지 : 충청남도 태안군 원북면 신두리
수면적 : 8만 3천평

학암포해수욕장 가는 길 옆에

신두리에 있는 1, 2, 3호지 중 제일 큰 1호지는 1952년도에 만들어졌고 2, 3호지는 1958년도에 완공되었다. 수심이 얕아서 심한 가뭄에 바닥을 드러내는 일이 있었지만 4, 5년만 묵으면 월척붕어가 낚이는 낚시터다.

원북에서 학암포해수욕장으로 가는 길옆에 닷개지가 있어서 찾기도 어렵지 않거니와 쉽게 낚시터에 접근할 수 있다. 상류에서 우측 도로 옆으로 하류까지가 포인트다. 군데군데 갈대와 수초가 있으므로 수초를 적절히 이용해야한다.

1호지(닷개지) 서쪽으로 1.5km 거리에 2호지(섭벌지 4만 4천평)가 있고, 1호지 북서쪽 1.5km에 3호지(이곡지 1만 6천평)가 있다.

■ 교통

㉜번 국도로 태안에서 원북까지 603번 지방도로로 약 8km 북상. 원북 삼거리에서 학암포행 이정표를 확인 좌회전 약 3km를 들어가면 좌측 길옆에 닷개지가 있다. 일반 교통편은 태안에서 1시간 30분 간격으로 학암포행 일반버스가 있다.

■ 명소

□ 학암포 해수욕장

학암포 해수욕장은 태안해안국립공원이 시작되는 태안군 북쪽 돌출반도의 끝단이며 백사장 길이는 1km밖에 되지 않지만 좌측에는 분점섬과 우측에는 돌출바위가 백사장을 감싸주고 있어서 경치가 아름답다.

특히 학암포에는 민박집을 겸하는 20여호에 낚시 배가 있어 근해 섬과 섬 주변에서 계절에 따른 바다 배낚시를 할 수 있다. 낚시배는 20여척

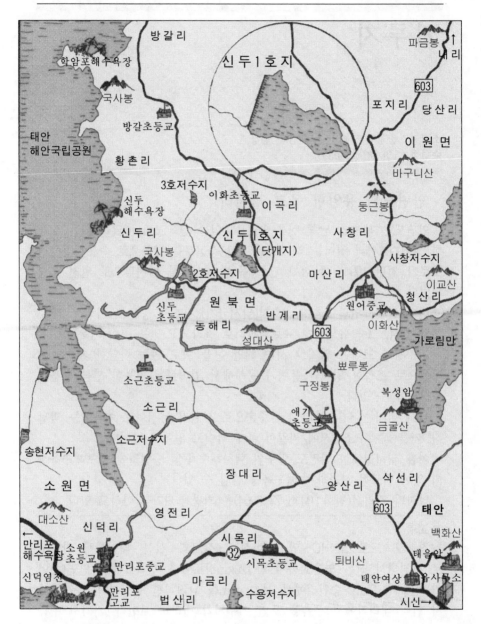

있는데 민박집을 겸하는 박기업씨(전화 ; 0455-674-7060) 또는 박기선씨 (전화 ; 0455-674-7097)에게 연락하면 구할 수 있다. 학암포 해수욕철 어 종은 우럭, 노래미 등으로 채비는 태안에서 구입할 수 있다.

기루지

소재지 : 충청남도 태안군 안면읍 중장리
수면적 : 1만 8천평(6ha)

안면도의 유일한 유료 낚시터

안면도는 태안읍 남쪽 신온(申溫)에 있는 연육교에 매달려 있는 길쭉한 섬이다. 섬의 길이는 약 22km로 섬 중심부를 남북으로 관통한 603번 도로가 지난 1994년에 섬 남단 영목(嶺木)까지를 마지막으로 완전 포장되었다.

안면도에는 안면 1호지, 2호지(낚시금지), 3호지 등을 위시해서 약 13개가 있다. 그중 유일하게 유료낚시터로 관리되고 있는 곳이 기루지이다.

저수지가 크지는 않지만 서쪽 해안 논을 끼고 있는 아담한 저수지다. 자원으로 조성한 잉어와 붕어가 풍부해서 입어료를 지불한 만큼 충분히 보상받을 수 있다.

낚시 적기는 3월초부터 4월 중순으로 산란기 낚시이고 여름에는 밤낚시, 가을에는 수초낚시에 씨알이 굵게 낚이고 잉어도 낚인다.

여름 피서철에는 안면도 입구의 백사해수욕장, 승언리에 방포해수욕장이 있어 비교적 한가하게 해수욕을 즐길 수 있다.

낚시터 관리실(전화 ; 0445-73-6064)은 최창락 씨가 맡아하고 있다.

■ 교통

경부고속도로 오산IC~안중~아산호~삽교호~서산~태안에서 안면도로 남진해서 신온 연육교까지 약 120km정도이다. 연육교에서 안면(승언리)까지 약 9km. 승언리에서 계속 4km를 남진하면 중장리다. 중장리에서 언덕 내리막에서 우측을 보면 기루지가 내려다 보인다. 거기서 우측에 있는 시멘트 포장길로 약 1km에 낚시터가 있다.

차량은 오산서 302번 지방도로로 발안까지, 발안에서 39번 국도로 안중경유 아산교를 건너 우회전 34번 국도로 바꾸어 신평삼거리에서 32번

국도로 서산으로 들어가 태안까지 가서 우회전하여 603번 지방도로로

남진하여 신온의 안면교까지 가며, 계속 직진해 안면을 지나 중장리에 이른다. 홍성 갈산에서 천수만 방조제를 경유하는 길도 있다.

■ 명소

□ 태안해안국립공원

1978년 해상국립공원으로 지정된 관광의 명소로 한반도의 중심부분에 위치하고 있으며 서해안으로 깊숙히 노출된 태안반도는 톱날처럼 굴곡진 해안선마다 기암절벽과 고운 모래백사장으로 이루어져 있다.

530km에 달하는 포도송이같은 리아스식 해안에는 만리포·천리포와 같은 크고 작은 해수욕장이 29개나 있어 여름 피서지로 각광받고 있다.

■ 별미

□ 나드리회관

소재지 : 충청남도 태안군 안면읍 승언리

전   화 : 0455-73-4118 (주인 국응춘)

안면읍사무소 앞에 있는 안면도 명물집으로 꼽히는 회, 젓갈을 전문으로 하는 식당이다.

이집 밑반찬의 주종은 젓갈류로 어리굴젓, 바지락젓, 멸치젓, 꼴뚜기젓, 무젓, 오징어젓, 칼치젓 등과 매운탕, 생굴, 맑은 장국 등 특색있는 향토음식이 많이 나온다.

담수계 생태계를 위협하는 블루길

북미가 원산지인 '블루길'은 생후 2, 3년이면 20cm 이상으로 자라는 초고속 성장형 물고기라고 1970년대에 국내에 이입, 일부 강 호소에 방류되었다.

이 블루길이 실제 2, 3년에 20cm이상 자라는 것인지 지금껏 낚시에 낚여나온 것은 20cm 안팎, 대부분은 10cm미만의 잔챙이들이 낚였다. 20년 이상 되었으니까 최소한 30cm급도 있을 법한데 그만한 블루길을 잡았다는 말은 듣지 못했다. 대신 블루길이 엄청난 속도로 번식을 확장시켜 피라미, 붕어새끼, 알까지는 깡그리 먹어치우는 독식성 육식어종으로 군림하고 있으며, 전국 댐, 저수지, 강계에 세력을 확장하여 생태계를 파괴하고 있는 것이다.

　모대학 생물학교 J교수는 요즘 팔당호에서 잡히는 물고기 10마리중 9마리가 블루길이라며 최근에는 팔당호뿐만 아니라 민통선 북방저수지나 하천 유역에서도 블루길이 급속도로 번식하고 있다고 지적했다.

　이 불루길은 산란기가 되면 물속에 구덩이를 파고 약4천개의 알을 낳고 새끼가 부화, 헤엄쳐 나올 때까지는 어떤 물고기도 접근을 허용치 않고 경계를 한다. 육식어종인 가물치가 새끼가 성장할때까지 새끼 주변에서 숨어 경비를 서는 것과 마찬가지다. 물속의 무법자 육식어종도 자기 새끼만큼은 철저히 보호하는 모성애가 있다.

　붕어나 잉어 여타 담수계의 어종은 알이나 새끼때 모조리 잡아먹고 자기 새끼는 무한정 번식시키는 블루길이 이미 팔당호의 생태계를 바꾸어놓고 있고 담수계 먹이 피라미드가 붕괴시켜 결과적으로 다른 요인과 함께 적조현상 등 민물세계를 파괴하고 있는것이다.

　이처럼 블루길이 걷잡을 수 없을 정도로 번식하고 있는것은 관계당국이 충분한 생태학적 연구없이 외국에서 도입하여 담수계에 방류하고 있기 때문이다. 근년에는 종교계 방생어종으로까지 블루길이 이용되어 사태를 더욱 악화시키고 있다.

　국립환경연구원 관계자는 육식어종의 무분별한 방류를 막는 한편 육식어종을 잡아내는 대책 마련이 시급하다고 말하고 있다. 또 블루길은 생태계를 위협하는 존재에 그치지 않고 수질을 오염시킨다고 한다. 즉 식물성 플랑크톤을 주식으로 하는 어종(붕어, 피라미 외)의 멸종으로 식물성 플랑크톤의 과잉번식으로 적조현상등을 일으킨다고 환경연구원은 말하고 있다.

청라지(청천지)

소재지 : 충청남도 보령시 청라면
수면적 : 84만평(280ha)

두 개의 저수지를 합쳐 놓은듯

청라지(靑蘿池)는 1960년 9월 만수면적 64만평으로 만들어졌는데 용수 수요가 늘어남에 따라 1985년경 제방을 다시 높여 20만평을 더 늘렸다.

저수지의 원이름은 청천지(靑川池)로서 이름 그대로 물이 푸르고 맑은 저수지였는데 저수지가 확장된 직후 향어가두리가 들어서면서 수질이 오염되었다고들 말한다.

청라지는 상류가 둘(옥계, 청천)로 나뉘어지고, 가운데에 산이 들어앉아 있어서 마치 두 개의 저수지가 합쳐진 것같이 보여진다. 좌측 옥계쪽은 수심이 깊으면서 물이 차고, 우측은 수면이 넓고 수심은 완만해서 옥계쪽보다는 물이 차지않다.

예전(1970년대) 월척이 많이 낚인 곳은 좌측 옥계쪽이고 현재 마리수가 많이 낚이는 곳은 우측 청천(나원) 쪽이다. 때문에 청라지에 낚시를 하러 가려면 제방 밑 삼거리 다리에서 행선지를 결정하여야 한다.

□ 옥계권(장산리)

제방옆의 팔각정(보령병원옆)에서 최상류 옥계교까지 약 6km. ①팔각정 ②서산밑 ③복병이 ④담안말 ⑤화암서원 ⑥옥계교로 나누어진다. 낚시는 계절에 관계없이 화암서원(토정 이지함선생 서원)을 중심으로 한 장산교 그리고 건너편 후미진 곳에서 할 수 있다.

옥계쪽에는 장산식당(전화 ; 0452-32-8775)과 천호식당(전화 ; 0452-32-5892)이 있다.

□ 청천권(향천－나원)

제방 우측으로 청양행 ㊱번 국도가 호반으로 이어지며 제방에서 최상류 내현교까지 약 3km. 그 어간에 ①양조장앞 ②시루성이 ③정자나무앞

④가느실 등으로 낚시터가 나누어진다. 청천쪽은 상류쪽과 건너편 상류가 줄풀, 갈대, 마름모, 말풀 등이 깔려 있어서 봄, 가을 낚시터다. 요소요소에 좌대도 놓여져 있다. 대어집(전화;0452-32-5843), 양척낚시집(전화;0452-32-6589), 정자나무집(전화;0452-32-8709) 등에서 식사와 민박도 맡아 준다.

■ **교통**

경부고속도로 천안IC를 벗어나 온양~예산~홍성~보령(대천)까지 약 95km. 대천시내에서 청양행 ㊱번 국도로 약 2.5km를 가면 청라지의 높다란 제방앞에서 삼거리를 이루며 다리(청천교)가 있다. 좌측길은 장산

붕어는 안경이 필요할 정도의 '근시안'

바다와 물이 맑은 민물에서 중층에 떠다니며 먹이를 날쌔게 채서 먹는 물고기의 눈은 꽤나 밝다. 그것은 물고기의 눈(魚眼)이 자동식 카메라의 렌즈처럼 전후로 움직여 물체의 형상을 초점으로 잡는다고 한다.

그러나 저서성(底棲性) 물고기인 붕어는 거의 시정(視程)이 없는 탁한 물속에 있기 때문에 어안(魚眼)을 움직이게 하는 수축근(收縮筋)이 퇴화했을 것이라며 어안이 고정상태에 있다고한다. 그래서 붕어는 가까운 곳의 물체를 넓게 볼 수 있는 광각근시(壙角近視)에 속하는 물고기이다.

붕어가 먹이활동을 하는 데에 주 기능은 후각이며 시각은 먹이활동에 큰 도움이 되지않고 있다. 후각으로 먹이가 어디에 있다는 것을 알고 접근 시각으로 먹이를 확인해 미각(미뢰)로 먹을 수 있는가를 재확인 하게 된다.

밤낚시를 할 때 '케미칼 라이트'만 달고 낚시를 하는 낚시인들의 눈보다 캄캄한 어둠속 그것도 물속에서 지렁이나 떡밥을 용케 발견하는 것은 붕어가 순전히 후각에 의존한다는 것을 알 수 있다.

어안렌즈처럼 물고기는 시야는 180도로 넓다. 그러나 붕어는 시야는 넓으면서 먼 곳을 못보는 근시안인 것이다.

물고기는 눈이 클수록 눈이 밝으며 바다고기중에서는 돔이 가장 눈이 밝은 물고기에 속한다.

리~옥계로 들어가는 길이고, 우측길은 향천~의평~나원으로 이어지는
국도로 청양에 들어가게 된다.

■명소

□ 화암서원

옥계쪽인 장산리 장산교를 건너 상류에 이르면 호반에 화암서원(花岩
書院)이 있다. 조선중엽의 잡학자로 토정비결(土亭秘訣)을 쓴 토정 이지
함(土亭 李之函) 선생의 서원이 있다.

□ 성주사지(聖住寺址)

소재지 : 충청남도 보령시 성주면 성주리

성주산을 등에 지고 평탄한 지대에 약 만여평의 옛 절터가 성주사지
이다. 그 규모면에서도 알 수 있듯이 임진왜란으로 소실되기 전까지는
서해안 일대에 자리잡은 큰 절이었다. 삼국사기나 삼국유사에 의하면 성
주사는 불교가 이땅에 태안반도로 건너옴에 따라 백제 법왕이 일찍이 창
건한 오합사(烏合寺)였다.

그후 오합사는 신라 문성왕 때에 당에서 공부를 마치고 돌아온 무염
국사 낭혜스님을 맞아 크게 중창하면서 성주사로 개칭되고, 소실되기 전
까지 계속 번창하던 절이었다.

이곳에서 불교문화의 많은 유물이 발견되었는데 국보 8호인 낭혜화상
백월보광탑비, 통일신라시대의 5층석탑, 보물 제20호·47호인 중앙삼층석
탑과 삼층석탑 등이 있어 비록 터만 남았지만 오늘날에도 그 가치는 대
단하다.

□ 오천성

소재지 : 충청남도 보령시 오천면 소성리

오천항 외곽을 두르고 있는 석성으로서 고려이전에는 회이포라 불리
던 이 지역을 조선시대에 충청도 수군절도영이 되고, 그 수영의 성에 석
축성을 쌓은 것이다. 성은 옹성 5개, 문 4개, 못 1개소, 영보정, 능터각
등이 있었으나, 지금은 장교청 외 2동 및 망화문이라 불리는 세 문만 남
아있다.

남포지

소재지 : 충청남도 보령시 남포면 옥서리
수면적 : 8만 7천평(29.1ha)

1970년에 월척 낚시터로 화려한 이력

남포지(藍浦池)는 1961년도에 만들어지고 1970년대에 월척낚시터로 회오리를 몰고왔던 낚시터다. 지금은 유료낚시터로 관리되고 있어서 잉어가 많으며 붕어 월척도 많이 있으나 예전같지는 않다. 붕어의 씨알은 평균 15cm에서 20cm, 잉어는 40~60cm급이 낚인다.

지난 1994년도 가뭄때 약 30% 수위를 유지하여 어려움은 면했다.

봄 산란기에 상류 논둑에서 수초밭을 끼고 앉으면 붕어의 씨알이 굵고, 물이 빠질 때는 건너편 산모퉁이가 명당이다. 산모퉁이는 가을에도 잉어가 굵게 낚인다.

관리실이 있어서 숙식 문제는 해결하기 어렵지 않다.

■ 교통

대천시내까지는 일반교통편으로는 새마을, 무궁화호, 통일호 열차 모두 정차한다. 대천시내에서 웅천, 비인행 버스로 남포에서 하차하면 된다. 승용차는 천안IC~온양~예산~홍성~광천~대천의 순이며 대천에서 계속 비인행 ㉑번 국도로 약 4km를 더가면 우측 길옆에 남포지가 있다.

■ 명소

□ 대천해수욕장

소재지 : 충청남도 보령시 신흑동

시설면이나 규모면에서 서해안 최대인 이 해수욕장은 동양 유일의 조개껍질로 이루어진 백사장이 5km에 이르고, 경사가 완만하여 남녀노소 할 것 없이 피서지로서 적격이며, 주변 송림은 오토 캠프장으로서 각광을 받고 있다.

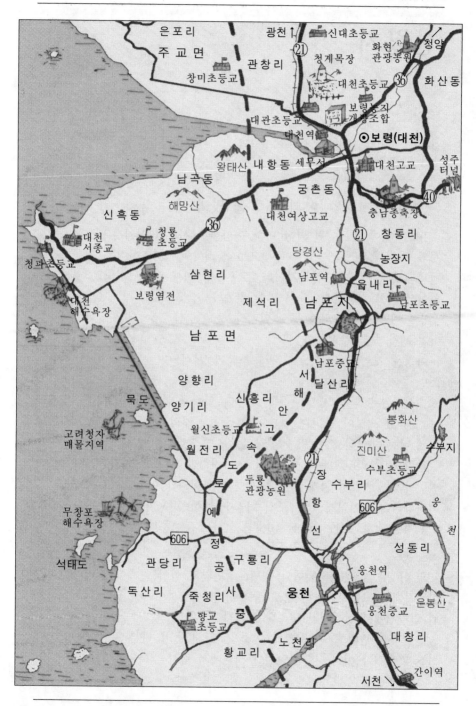

신월지

소재지 : 충청남도 천안시 성거읍 신월리
수면적 : 2만 6천평

콩알 낚시로 대어의 스릴을 맛봐

1972년도에 만들어진 야산 속의 아담한 낚시터인 신월지(新月池)는 도시와 인접해 있으면서도 과수원으로 둘러싸여 있어 아직은 전원마을의 냄새가 물씬 풍기는 분위기이다. 토종붕어 전문 유료낚시터로 관리되고 있어서 단골 전통낚시인들이 많이 찾는다.

깊은 곳은 4, 5m 되는 곳도 있지만 평균 수심 2m에서 씨알이 굵은 붕어가 찌를 쑥쑥 올려준다.

아직은 오염이 안된 곳이라서 새우가 서식하며 새우를 잡아 미끼로 쓰면 준척, 월척이 덥석 물어준다.

초심자들은 흔히 멍텅구리를 쓰는데 멍텅구리 채비는 입질은 잦을지는 몰라도 씨알이 잘다는 것과 붕어낚시 본래의 찌놀림이라던가 콩알낚시로 낚은 대어의 스릴을 맛볼 수 없다.

만일 겨울에도 얼음이 얼지 않으면 지렁이, 새우에 입질을 해주며 비철낚시에는 씨알이 굵게 낚인다. 어종은 붕어와 잉어이다.

수상좌대도 여러개 있고 포인트는 수심 2m 전후며 어디나 비슷하다.

관리실(전화 ; 0417-567-8896)에서 식사도 맡아준다.

■ 교통

안성IC나 천안IC를 벗어나 평택~천안간의 천안 가까이 ①번 국도 직산역전에서 그린장여관 옆으로 동쪽 방향으로 들어서서 1.3km 쯤 들어가면 언덕위에서 신월지가 내려다 보인다.

일반 교통편의 경우 천안에서 소우리행 버스가 하루 두 세번 있으나 시간 맞추기가 어려우며 천안이나 성환에서 택시를 타면 된다.

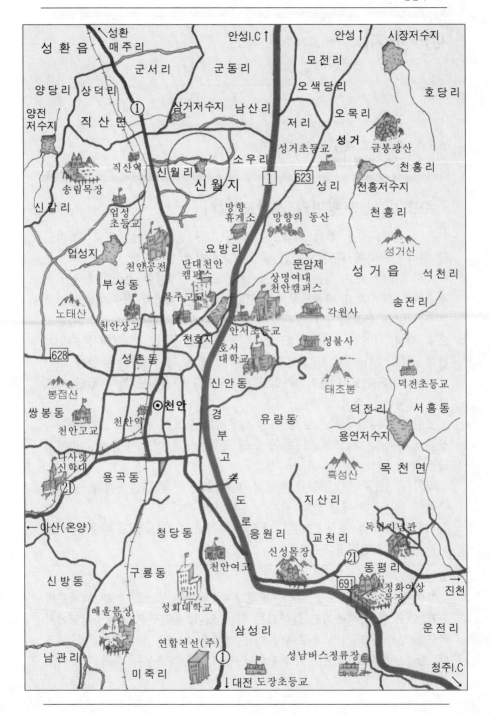

성환읍
성환 매주리
안성I.C ↑
안성 ↑
시장저수지
군서리
군동리
모전리
양당리 상덕리
오색당리
호당리
양전 저수지
직산 면
①
삼거저수지
남산리
저리
오목리
성거
신갈리
직산역
신월리
소우리
성거초등교
금봉광산
신월지
1
623
천흥리
송림목장
성리
천흥저수지
업성 초등교
망향 휴게소
망향의 동산
천흥리
업성지
요방리
천안공전
단대천안 캠퍼스
문암제
성거산
성거 읍
석천리
부성동
상명여대 천안캠퍼스
송전리
노태산
북주고교
각원사
천안상고
천호지
안서초등교
성불사
628
성촌동
호서 대학교
신안동
덕전초등교
봉접산
천안역
태조봉
덕전리
서흥동
쌍봉동
◎천안
용연저수지
천안고교
경 부 고 속 도 로
유량동
목 천 면
나사렛 신학대
흑성산
②
용곡동
지산리
독립기념관
← 아산(온양)
청당동
응원리
교천리
신성목장
②
동평리
신방동
구룡동
천안여고
691
정화여상 목장
진천
성화대학교
삼성리
운전리
매울목장
연합전선(주)
성남버스정류장
청주I.C ↘
남관리
①
미죽리
↓ 대전 도장초등교

반산지

소재지 : 충청남도 부여군 규암면 석우리
수면적 : 37만 8천평(126ha)

수초가 많고 평지라 붕어도 많아

부여의 백마강을 건너 서쪽으로 뻗은 홍산 방향 ④번 국도로 약 4km
를 달리면 우측에 나타나는 긴 제방의 저수지가 반산지다.

저수지를 감싸고 있는 야산으로 계곡형 저수지처럼 보이지만 평지형
저수지다. 저수지가 마름모꼴에 약 1km나 되는 제방이 저수지에 들어서
는 낚시꾼을 압도하지만 제방의 높이가 10m도 안되어서 수심은 전반적
으로 얕다. 저수지 나이도 45년으로 노령기에 들어서고 있어서 수초가
많이 깔려 있다. 수초가 많은만큼 붕어도 많고 평지형이라서 앉을 자리
도 많다. 1989년도에 향어가두리도 설치되었으며 향어도 많이 낚인 때도
있으나 지금은 흔치 않다.

포인트는 제방 우측으로 들어선 석우리의 오목한 돌출부 그리고 좌측
상류의 수목리 다리 좌, 우 등이 우선 꼽히는 명당이고 중류권도 밤낚시
터로 좋다.

적기는 3월~4월, 9월~11월이며 밤낚시는 언제라도 괜찮다. 낚시터
주변에 있는 민가에서 민박 식사를 부탁하면 된다.

석우리와 우측 중류 그리고 상류 수목리에 민가가 있고 승용차가 들
어갈 수 있어 편리하다.

■ 교통

부여에서 ④번 국도로 부여~백제교~규암에서 2km를 가면 백제중학
교가 있고 옆에 석우리를 들어가는 길이 있다. 좌측권은 백제중학교에서
국도를 1km를 더가면 우측에 보이는 제방을 지나치면서 합송리가 나온
다. 합송초등학교 옆으로 우회전해서 들어가면 좌측상류 수목리 수천교
가 나온다.

■ 명소

부여는 옛 백제의 도읍지로 많은 백제문화 유적지들이 남아 있다. 따라서 부여쪽 낚시는 낚시에 그칠 것이 아니라, 백제 유적지들을 돌아보는 기회를 갖는 것이 좋다.

□ 부소산성

부여읍내 북쪽 1km에 사적 제5호로 지정 보호되고 있으며 부소산성은 백제의 중심지였다. 부소산성은 해발 106m에 백마강으로 둘러 막은 천연의 요새지로 길이 2.2km의 산성을 쌓았다.

□ 낙화암

부소산 서북쪽 기슭 백마강을 굽어보며 고란사와 백화정이 있다.

낙화암은 강변에 위치한 절벽으로 백제가 패망하면서 삼천궁녀가 강물에 몸을 던진 곳이다.

□ 능산리 고분군(부여읍 능산리)

부여읍에서 논산행 ④번 국도로 약 3km를 가면 좌측에 백제왕릉 표지판이 있다. 백제 왕족과 귀족들의 무덤이 있는 곳. 석실분의 벽화에는 붉은빛과 황금빛의 사신도가 눈에 띤다.

□ 부여 박물관

부여읍내 부소산 남쪽 옛 백제의 왕궁터에 자리잡고 있으며 현 박물관은 1971년 9월 1일 개관된 것으로 김수근씨가 선사시대 움집에서 힌트를 얻어 설계하였다.

부여박물관은 백제 문화의 계보를 손쉽게 알아볼 수 있는 우리 문화유산의 보고이다.

■ 별미

□ 개성식당

소재지 : 충청남도 부여군 부여읍 구아리

전　화 : 0463-835-2103 (주인 채종헌)

부여읍내 정림사터의 백제탑 건너편에 있는 한정식 전문식당이다.

부여에서만 30년에 전통을 이어왔으며 주인이 맛의 고장 개성출신이라서 개성식당이며 음식맛도 개성식이다. 한정식으로 우렁된장, 홍어찜, 게장, 돼지고기, 산나물 등 밑반찬이 교자상에 가득 올려 나온다.

천장호

소재지 : 충청남도 청양군 정산면 천장리
수면적 : 6만 1천평(20ha)

축소판 댐같아 수심 깊고 경관 빼어나

청양의 명산 칠갑산(561m) 동쪽 기슭에 있는 협곡을 막은 저수지라서 S자형의 호면이 상류, 하류 할 것 없이 가파른 경사를 이루고 있으며 수면해발 1백m에 들어앉아 있어서 저수지라기보다는 축소판 댐을 연상케 하는 저수지다. 수심도 깊고 물이 맑고 깨끗한데다가 숲이 우거져 있어서 산수경관이 빼어나 낚시꾼보다 관광객이 더 많이 찾는다.

낚시는 장마철 상류 국도 도로밑과 갈수기 중류권 돌출부 일대에서 밤낚시를 해야 한다. 어종은 붕어, 잉어, 피라미 등이며 장마철에는 메기도 낚인다. 상류에서 하류 제방까지 S자형의 협곡 길이는 약 1.5km 거리가 된다. 숙식은 제방밑을 지나 천장리에서 가능하다.

■ 교통

일반교통편과 승용차편 모두 편리하다. 청양읍에서 공주군 목면을 거쳐 우성면~공주시로 이어지는 ㊱번 국도로 약 8km를 가면 한치고개를 뚫은 대치굴이다. 한치고개를 넘어 내리막길로 약 3km를 내려가면 천장호 상류 구을교이고 약 1.5km를 더가면 칠갑산 입구로 들어서면 된다. 일반교통편은 청양~공주간 버스를 이용하면 된다.

■ 명소

□ 칠갑산(七甲山)

천장호는 칠갑산도립공원에 속해 있으며 칠갑산(561m)은 천장호 서쪽에 있고 장곡사는 칠갑산의 서쪽 기슭에 있다. 칠갑산을 오르는 등산길은 장곡사 입구 장곡마을에서 들어서는 길과 천장호가 있는 천장리에서 올라가는 길 그리고 천장호 남쪽 적곡리에서 마재고개를 넘는 길과 한치

고개 대치굴에서 올라가는 길 등 여러 등산로가 열린다. 그러나 가장 편하게 오를 수 있는 길은 한치고개(해발 3백m)에서 능선을 타면 밋밋한 능선길로 힘들지 않게 오를 수 있다.

□ 장곡사(長谷寺)

신라 때 보조국사(普照國師)가 창건했다는 고찰 산사이며 상대웅전과 하대웅진으로 나누어져 있다. 장곡사에는 국보 제58호 철조약사여래좌상, 보물 제162호 상대웅전, 제181호 하대웅전 등 문화재가 많이 보존되어 있는 유서깊은 절집이다.

용곡지

소재지 : 충청북도 청원군 미원면 용곡리
수면적 : 6만 8천평

산란기와 밤낚시 붕어 씨알이 굵어

용곡지는 1984년도에 만들어진 산간 계곡 저수지다. 수면 해발 180m
의 높은 지대에 들어앉아 있어서 물이 맑고 차다.

1988년경 준치급 붕어가 마리수로 낚이기 시작하면서 청주를 비롯해
서 서울, 대전 등에서 낚시꾼이 모여들게 되었고, 더욱 유명해지자 결국
1992년도에 유료낚시터로 허가를 내고 자원 조성과 각종 시설물(수상좌
대 등)을 설치하는 등 산간오지 낚시터가 하루 아침에 모습을 바꾸었다.

어종은 붕어와 잉어가 주종이고 관리인이 사다 넣은 잉어가 많이 낚
이고 있다.

계곡 저수지라서 하류쪽은 깊고, 상류쪽은 수심이 완만해서 만수시에는
상류쪽이 조황이 우세하고 중류에서 하류쪽은 갈수기 밤낚시를 해야한다.

낚시터에 수상좌대가 9개정도 떠있으며 계절과 수위에 따라 자리가
옮겨진다. 적기는 4월말경에서 5월초가 산란기 낚시의 고비이고 물이 빠
진 다음의 6월 중순 이후부터는 밤낚시의 호황을 보여준다.

붕어의 씨알은 15cm에서 월척까지 들쭉날쭉하지만 산란기와 밤낚시에
는 붕어의 씨알이 굵어진다. 낚싯대는 5.4m대가 많이 쓰이는데 물이 맑
기 때문에 수심은 2m이상 잡아야 한다. 낚시터 관리실에서 간단한 식사
를 맡아주며 적은 인원은 민박도 가능하다.

■ 교통

일반교통편은 청주나 괴산에서 청주~괴산간 직행버스로 미원에서 하
차. 낚시터까지 약 6km는 택시를 타는 것이 빠르다. 승용차는 서울에서
중부고속도로 증평IC를 벗어나 증평시내까지 들어간 다음 청주 방향으로
우회전 ㊱번 국도를 약 8km를 남서진하면 내수(북이면 소재지)다. 거기

서 좌회전 511번 지방도로를 약 7km 가면 초정약수터 입구다. 초정리에
서 미원행 이정표를 확인, 남쪽방향 포장길을 달리면 언덕이 시작되며
구녀성(九女城) 재를 넘게 되는데 재 넘어 내리막길에 용곡지가 있다.
  청주에서는 미원까지 가서 좌회전해서 약 6km를 들어가면 용곡지다.

추평지

소재지 : 충청북도 중원군 엄정면 추평리
수면적 : 12만 6천평(42ha)

굵은 붕어는 새우 미끼를 좋아해

충청북도와 강원도의 도계를 이룬 갈미봉, 옥녀봉, 시루봉, 오청산 등 700m 고지에 둘러싸인 계곡 저수지인 추평지(楸坪池)는 수원이 풍부하고 물도 깨끗하며 경관도 아름다운 저수지다.

저수지가 만들어진 것은 1980년도 그동안 얼음낚시에는 호황을 보여주었으나 낮낚시는 신통치 않았다. 물이 맑기 때문이다. 여름 밤낚시에는 가끔 월척도 선을 보인다.

어종은 붕어와 잉어가 주종이며 가을이 되면 잉어 전문꾼들이 많이 찾는다. 저수지에 새우가 서식하고 있으므로 새우를 잡아 미끼로 쓰면 굵은 붕어를 낚을 수 있다.

제방 좌측으로 도로가 상류까지 이어지고 있고 우측은 길이 없으나 도보로 진입할 수 있다. 상류 갈대밭에서 봄 산란기에 굵직한 붕어가 붙는다.

■ 교통

중부고속도로 일죽IC를 벗어나 ㉞번 국도로 장호원까지 간 다음 장호원에서 계속 국도로 들어서서 동진하면 앙성~가흥에서 남한강의 목계교를 건너 약 3km를 가면 충주와 엄정으로 갈라지는 삼거리다. 좌측 엄정으로 좌회전 1km지점이 엄정이고 엄정에서 약 5km를 더 북상하면 추평지 제방이 우측에 보인다.

■ 명소

□ 중앙탑
소재지 : 충청북도 중원군 가금면 탑평리

　8세기 후반 통일신라시대에 세워진 탑으로 정식 명칭은 탑평리 7층석
탑이나 통일신라의 중앙에 위치해 있었다하여 중앙탑으로 더 잘 불리고
있다. 국보 6호인 이 탑은 현존하는 신라 석탑 중 가장 높은 14.5m이다.

육령지(금석지)

소재지 : 충청북도 음성군 금왕읍 육령리
수면적 : 12만 4천평(41ha)

사정지, 백야지와 같이 지하터널로 연결

육령지(六靈池)는 우리나라에서 유일한 3개의 저수지를 지하터널식 송수관으로 연결시킨 첫번째의 저수지로 약 1km씩 거리를 두고 두번째의 사정지 그리고 세번째의 백야지로 연결했고 세번째의 저수지가 역시 지하터널 송수관에 의해 산너머 대소면 수탑에 송수 공급된다.

즉 육령지, 사정지, 백야지는 각각 분리된 독립된 저수지처럼 보이지만 지하터널로 연결되어 있으며 세 저수지의 수위는 거의 일정한 것으로 1981년에 축조되었다.

육령지는 첫번째 저수지이며 3개의 저수지 조황으로 미루어 첫번째의 저수지는 마리수는 많이 낚이지않지만 씨알이 굵게 낚인다. 이곳 육령지에서 1985년 9월 재래종 종류의 붕어로서 60cm라는 거물이 낚여 화제를 모으기도 했다.

육령지에는 잉어도 많다. 육령지의 낚시는 3, 4, 9, 10월이 적기이며 낮낚시보다는 밤낚시에 굵게 낚인다.

■ 교통

중부고속도로 음성 IC를 벗어나 대소를 거쳐 518번 지방도로를 이용하여 금왕(무극)으로 들어선다. 무극에서 동쪽으로 들어서서 1.5km쯤 가면 육령지 상류에 이른다. 하류쪽은 무극에서 음성방향 국도로 들어서서 약 2km쯤 가면 좌측에 제방이 있다. 제방 우측으로 올라서면 상류까지 들어간다.

사정지는 육령지 제방에서 5백m쯤에 있다.

사정지

소재지 : 충청북도 음성군 금왕읍 사정리
수면적 : 13만 6천평(45ha)

교통이 편해 가족농원화

육령지, 사정지, 백야지 등 1, 2, 3저수지 중 제2저수지이며 상류격인 육령지에서 지하 송수되어 다시 백야지로 송수된다.

사정지(沙丁池)는 육령지와 백야지 중간에 위치해있고 음성행 국도변에 있다. 저수지가 만들어지고 줄곧 준치급 붕어가 마리수로 낚였으며 도로변에 차를 세워 놓고 낚시를 많이 했다.

그러나 1993년도부터 유료낚시터로 허가되어 좌대와 수상좌대가 놓여졌고 낚시터에는 붕어 대신 향어가 방류되고 있다. 겨울에는 송어도 방류된다.

관리실은 상류 건너편에 있으며 상류 우측에 있는 계곡을 끼고 사슴 목장과 꿩과 조류 등을 기르고 있고 휴식공간으로 꾸며놓았다. 물론 식당도 있다.

앞으로 낚시터보다는 주말농장식의 가족 휴식공간으로 만들 계획이라고 한다.

■ 교통
교통편은 육령지와 같다.

■ 명소
□ 화양구곡

충청북도 괴산은 예로부터 산자수명(山紫水明)의 고을로 가는 곳마다 화양구곡, 선유구곡, 고산구곡 등의 명소가 자리잡고 있다. 특히 화양구곡은 경천벽, 운영담, 읍궁암, 금사탄, 첨성대, 능운대, 와룡암, 학소대, 파천을 말하는데 우뚝우뚝 솟은 기암과 송림, 암벽이 어우러지는 진풍경이

어서 우암 송시열 등 시인 문객과 선비들이 즐겨 찾던 곳이다.
　　현재는 1984년 국립공원으로 편입된 후 철저한 오염 예방과 질서정연
하게 들어선 상가로 가족단위 코스로 적격이다.

백야지 (용계지)

소재지 : 충청북도 음성군 금왕읍 용계리
수면적 : 13만 7천평

정통 낚시인이 며칠씩 묵는 낚시터

육령지, 사정지, 백야지 3개 저수지 중 마지막 저수지이며 육령지에서 사정지로 송수되고 사정지에서 백야지로 지하 송수되면 백야지에서 필요에 따라 지하송수관을 통해 산너머 서쪽지역으로 송수하도록 되어 있다. 즉 제1, 제2, 제3 저수지를 하나로 친다면 하류 수문권이 되는 셈이다.

백야지(白也池 일명 용계지)는 1981년도에 저수지가 만들어지고 계속 붕어낚시가 가능했지만 육령지나 사정지처럼 교통편이 안좋아 찾는 이가 많지 않았다. 그러나 백야지는 떡밥 낚시터로 인기가 높아서 정통낚시인들이 민박 또는 텐트를 쳐놓고 며칠씩 묵는 낚시를 많이 했고 월척급 대어도 많이 끌어냈다. 특히 백야지에는 향어 가두리가 12조(48틀)가량 설치되어 향어가 상당량 저수지로 유출되기도 했다. 어종은 붕어, 잉어, 향어, 메기 등이다. 상류 민가에서 민박 식사가 가능하다.

■ 교통
무극(금왕읍) 까지는 육령지와 같으며, 무극에서 음성 방향으로 시내를 벗어나자마자 우측 멀리에 보이는 제방을 목표로 우회전 다리를 건너서서 1.5km쯤 들어가면 제방 좌측을 끼고 상류까지 도로가 이어진다.

포인트는 좌측 도로변 중류·상류에 있다.

■ 별미
□ 칠오삼식당
소재지 : 충청북도 음성군 금왕읍 무극리 102
전　화 : 0446-877-0753 (주인 목양균)
용봉탕은 물의 용이라 할 수 있는 잉어와 하늘의 봉황에 비유되는 닭

을 지칭하는 요리로 월척붕어와 오골계에 대추, 인삼, 마늘, 밥을 넣어
끓인 것이다. 이 집에 자랑이 대단하다.

초평지

소재지 : 충청북도 진천군 초평면 화산리
수면적 : 78만 2천평

갈수기에 실력 발휘하는 곳

초평지(草坪池)는 1961년도에 66만 8천평으로 축조되었고 1985년 6월 기존의 제방 남쪽 3km에 높이 19.4m의 새 제방이 쌓아지면서 만수면적이 12만평 늘어났다.

산으로 둘러싸인 'W'자형 계곡 저수지인 초평지는 수심이 깊고 호안이 경사져서 갈수기가 아니면 낚시가 어렵고 봄에는 중류권이 되는 예전 호텔 앞쪽 위에서 낚시가 이루어진다.

호텔 건물 앞쪽 U자로 휘어지는 곳이 수면폭이 넓고 수심도 완만한데다가 두개의 섬 그리고 수초밭이 있으면서 도로에 접해 있어서 접근하기도 쉽다.

중류권에는 수상좌대가 150개 떠있고 식당 밥집 등 편의시설도 많다.

수면적이 늘어나면서 논들이 수몰한 상류권은 봄낚시터이며 수초밭을 끼고 포인트가 많다. 이곳 상류에도 수상좌대(정사기씨 전화 ; 0343-32-6565)가 있어서 봄에는 이곳에 낚시인들이 모여든다.

서식어종은 붕어, 잉어가 주종이고 각종 잡어도 많다. 한때 가두리에서 빠져나온 향어도 많이 낚였으나 지금은 거의 낚여나가서 쉽게 낚이지 않는다.

초평지의 물은 아직 오염되지 않고 있으나 낚시인들이 버리고 간 낚시 쓰레기가 도처에 쌓여 있다. 충북 제일을 자랑하는 수려한 산수의 초평지를 가꾸는데 모두가 협력해야 한다. 중상류에 있는 배, 좌대집 신우식 씨의 집에서 식사도 맡아준다.

■ 교통

중부고속도로 진천IC를 벗어나 일단 진천읍내로 진입한다. 진천에서

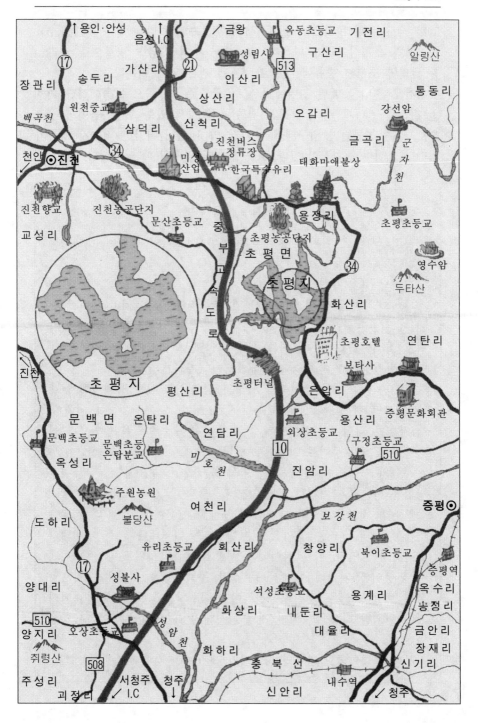

㉞번 국도 증평 방향으로 들어서서 중부고속도로 밑을 지나 약 7.5km를 동진하면 초평삼거리가 나온다. 그곳에서 우회전 남쪽 방향으로 약 4km를 달리면 초평지 중류에 예전 초평호텔 건물 앞에 이른다.

상류로 진입할 때면 진천에서 ㉞번 국도로 초평쪽으로 들어서면 미호천 다리를 건너게 된다. 다리 기점 1km쯤 가서 있는 부창마을에서 우측으로 있는 농공단지 입구에서 우회전 약 1km 들어가면 저수지 상류가 내려다 보이며 선착장이 있다. 그곳 일대가 만수위 때 낚시터다.

붕어나이 식별 방법

붕어낚시에서 크기와 월척은 따지면서 붕어의 나이에 대해서는 전혀 무관심하다.

그러나 물고기에도 엄연히 나이가 있다.

붕어의 수명을 보통 10년에서 길게는 20년으로 보지만 붕어의 크기는 나이에 비례하지 않는다. 왜냐하면 붕어의 성장환경에 따라 잘 먹고 잘 돌아 다니는 붕어는 쉽게 자라고, 먹이사슬이 열악하고 돌아 다닐만한 여건이 주어지지 않으면 덜 자라게 된다.

1985년 9월 10일 충청북도 음성군 금왕읍에 있는 육령지에서 충주 낚시인 김종태씨가 낚은 붕어는 60cm의 거물로 기록에 남겼다. 이 붕어는 나이가 11살이었다. 학계에서 붕어로 인정을 받았으나 돌연변이로 커진 붕어로 인정되고 있다.

붕어의 나이는 몸 안에 있는 이석(耳石)으로 따질 수 있지만 쉬운 방법은 비늘의 나이테로 확인한다.

붕어의 비늘을 한 장 떼어서 끈끈이를 깨끗이 닦아낸 다음 밝은 쪽에서 확대경 또는 육안으로 보면 가는 나이테나 굵은 나이테가 희미하게 보인다. 가는 나이테는 성장과정에서 생기고 굵은 나이테는 활동이 정지상태 즉 월동등 성장 공백기간을 나타내는 것으로 굵게 보인다. 굵은 나이테는 간격이 불확실하지만 다섯 개의 나이테가 확인되면 다섯 살, 여섯 개의 나이테일 때는 여섯 살이 되는 셈이다.

붕어의 나이테도 나무의 나이테가 생기는 이치와 비슷한 것이다.

■ 명소

□ 상산팔경

상산은 진천의 옛 지명으로서, 전해오는 팔경을 일컫는 것으로 많이 알려지지 않은 명소이다.

지금은 농공단지로 인해 옛스러움을 많이 잃었지만 그래도 여전히 여유로움을 느낄 수 있는 조용한 곳이다.

기러기떼와 백로가 노니는 미호천변의 흰 모래밭—**평사낙안,**

은탄의 우담에 비친 달빛 야경 — **우담제월,**

광혜원의 모래밭 — **금계완사,**

초평의 영수암의 울창한 노송이 울려퍼지는 저녁 종소리—**모종,**

상산 허리의 저녁놀에 덮인 구름의 절경인 — **상산모운,**

농다리에 눈덮힌 설경 — **농암모설,**

정송강사 주변의 **어은계석,**

평사의 암벽 정자에서 듣는 피리소리—**적대청람**

□ 농다리

문백면 구곡리 미호천의 지류 백곡천에 놓여진 사력암질의 붉은 돌을 쌓아 만든 다리로 지방유형문화재 28호로 지정되어 있다.

처음엔 지네모양을 본떠 음양석으로 28칸의 교각을 만들었으나 지금은 17칸만 남아있다. 돌 사이를 석회로 바르지 않았는데도 큰 장마에 떠내려가거나 부서지지 않고 유지하고 있어 조상의 뛰어난 솜씨를 엿볼 수 있다.

의림지

소재지 : 충청북도 제천시 모산동
수면적 : 4만 6천평(15.4ha)

우리나라 최고령 저수지

의림지(義林池)는 1천여년전에 만들어졌다는 우리나라 최고(最古)의 저수지다. 당시의 현감 박의림(朴義林)이 관개용 저수지를 만들기 위해 둑을 쌓았다는 전설에 의해 '의림지'로 불리우게 되었다 한다. 그리고, 의림지 제방곁에는 우륵대(于勒臺)라는 비각이 있다. 우륵은 우리나라 3대 악성의 한 사람으로 원래 가야사람이면서 신라 24대 진흥왕 12년(551년)에 귀화하였는데 그 때가 1천 4백50여년전 일이다.

어쨌든 의림지는 1, 2천년전에 만들어진 김제의 벽골제와 함께 우리나라 도작문화(稻作文化)의 발상지로 귀중한 사적지임에 틀림 없다.

따라서 의림지는 낚시터보다는 사적지로 전국 관광객이 더 많이 찾고 있다.

특히 의림지는 꽤 오래전부터 빙어(공어라고도 한다)가 많아서 겨울에는 빙어를 좋아하는 미식가들이 많이 찾는다.

■교통

서울에서 간다면 중부고속도로 일죽IC를 벗어나 ㉚번 국도로 장호원~목계~박달재~봉양의 순으로 진입(약 73km). 봉양에서 ⑤번 국도를 만나 제천으로 들어 간다. 제천에서 정북쪽으로 4km를 들어가면 의림지다.

새로 건설된 중앙고속도로를 이용하여 서제천IC에서 빠져 ⑤번 국도로 바로 제천에 들어오면 편하다.

■명소

□ 장락사 7층 모전석탑

보물 제459호인 7층 모전석탑은 장락사 입구에 있는 높이 9.1m의 탑

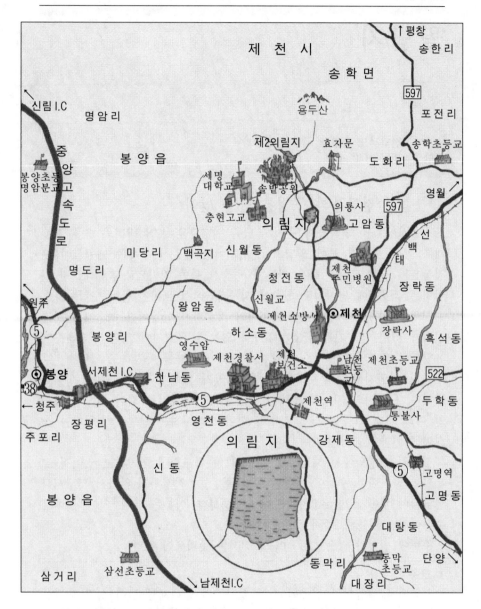

으로 몇 안되는 모선석탑이다.

전체적으로 회흑색을 띤 정판암으로 조성되었으며 각 층의 체감을 비
례가 적당하여 장중하면서도 세련된 기품을 보이는 통일신라 말기에 건
립된 탑이다.

월남지

소재지 : 전라남도 강진군 성전면 월남리
수면적 : 12만평(40ha)

월출산 천황봉과 구정봉 물을 받아

월출산(809m) 천황봉과 구정봉 남쪽 기슭으로 흘러 내려와 금릉 경포대를 거쳐 모아진 물이 월남지(月南池)이고 월출산 북동쪽 계곡물이 구절폭포를 거쳐 모아진 물은 쌍정지, 월출산 북쪽 기슭으로 흘러내려간 영암천은 금호지에 담아지고 월출산 서쪽계곡에서 모아진 물이 도갑지다.

이렇게 월출산을 중심으로 5, 6개의 저수지가 만들어졌는데 그중 가장 인기가 있던 저수지가 금호지(10만평)였는데 금호지에 영암 생활하수가 유입되어 오염되면서 그중 월남지가 계속 호황세를 유지하고 있다.

특히 영암지에는 가두리까지 설치되었기 때문에 붕어, 잉어, 향어가 낚였다. 월남지의 가두리 설치 허가는 1999년도까지로 되어 있으나 그동안 여러 차례 가뭄을 겪어 가두리 향어가 폐사하는 난관도 겪었다는 소식이 들린다.

월남지는 영암에서 해남으로 가는 ⑬번 국도변에 위치하고 있어서 교통편도 좋거니와 수심이 완만한 곳, 깊은 곳이 적절하지 않아서 낮낚시나 밤낚시의 차이가 별로 없어 조황이 꾸준하다. 어종은 붕어, 잉어, 향어가 주종이지만 가물치, 메기 등도 많다.

주변에 민가가 없으므로 식수와 식사는 준비해야 한다.

■ 교통
영암에서 월출산 국립공원 서쪽 끝자락의 불티재를 넘어 성전 해남을 잇는 ⑬번 국도를 타고 약 7km를 동남진하면 좌측 도로변에 있다.

■ 명소
　□ 다산초당
　소재지 : 전라남도 도암면 만덕리 귤동부락

「경세유표」「흠흠신서」「목민심서」 등 508권의 책을 낸 실학자인 다

쏘가리

쏘가리는 어궐어(魚厥魚)로 불리우며 우리나라 강 하천에 분포하는 강계 담수어로 중국의 중·북부지역도 분포하고 있다. 그러니 형태, 형성면에서 조금씩 차이가 있어 쏘가리는 우리나라 민물고기로 통하고 있다.

습성은 비냉수성 어종이며 물이 깨끗한 강, 하천의 깎아지른 벼랑밑 큰 바위, 큰 돌 그늘에 홀로 숨어서 사는 습성이 있어 뻘이나 흐린 물, 수온이 높거나 아주 찬 수온은 피한다.

식성은 육식을 하며 살아 있는 작은 물고기를 공격, 한입에 잡아 먹는다. 산란은 5월에서 6월사이 여울의 바닥, 돌, 자갈, 모래에 분산해서 산란한다. 산란한 알은 19~24℃에서 약7일이면 부화되며 부화직후부터 홀로 사는 독립성이 강한 물고기다.(수온이 떨어지면 비활동)

쏘가리는 강,하천의 폭군으로 군림하며 예리한 이빨로 먹이를 잡아 먹는다. 쏘가리에는 일반 쏘가리와 황산가리 두종류가 있는데 황산가리는 천연기념물로 지정되어 있다. 황산가리는 희귀어종으로 잡지못하게 되어 있고 일반 쏘가리도 6월 1일부터 7월 31일까지 두달동안 채포 금지기간으로 되어 있다.

쏘가리의 맛은 돼지고기와 비유되어 옛날에는 쏘가리를 수돈(水豚)이라 불렀다.

쏘가리는 가식부위가 많고 잔가시가 없으면서 담백해서 근년에 와서 요식업자들이 많이 찾고 있어서 작살, 그물, 폭발물등으로 남획을 하고 있다.

쏘가리 등가시에는 독성이 있어서 찔리면 몹시 통증을 느끼게 된다.

쏘가리 낚시는 루어낚시와 깊은 여울에서 미끼(산 미꾸라지)등 낚시를 한다. 현재 국내에서 낚시에 낚인 쏘가리 최대어 기록(1994년 1월 현재 낚시春秋 집계)은 1986년 5월 24일 임진강에서 낚인 62.1cm이다.

산 정약용(1762~1836)이 19년동안 유배생활을 해 있던 초당이다.

지금의 건물은 1936년 소실된 것을 1958년에 다시 지은 와당이지만 주변 환경이 아담하여 정겹고, 집 언저리마다에 결코 순탄하지만은 않았던 삶을 살았던 정약용의 자취가 남아있다.

□ 강진도요지

고려청자는 순청자·상감청자·화청자로 나뉜다.

순청자는 고려자기의 초기형태로 점토로 빚은 몸체에 오목무늬나 돋을무늬로 장식한 다음 초벌구이를 하고 다시 잿물을 발라 구워낸 비색의 청자이며, 상감청자는 맨몸에 무늬를 새겨 초벌구이한 뒤 거기에 백토나 흑토가루를 채운 다음 잿물을 발라 굽는 것이다.

그리고 화청자는 1250년부터 1350년사이에 만들던 것으로 초벌구이한 맨그릇에 붓으로 흰흙이나 무쇠녹을 푼 물을 찍어 그림 그린 후 굽은 것이다. 이러한 고려청자는 특히 이곳 강진 것이 유명한데 진흙과 땔감, 완만한 선의 산과 편리한 교통이 그 이유이다.

아직도 대구면 사당리 당전부락과 용운리에 가마가 남아 있다.

□ 무위사(無爲寺)

성전면 월하리에 있는 사찰로 신라 진평왕 19년(597년)에 원효대사가 창건한 관음사(觀音寺)를 조선 명종10년(1555)에 지금의 이름으로 바꾸었다. 특히 극락보전(국보 제 13호)의 동서벽화와 후불(後佛)벽화는 불교 벽화의 대표적인 작품이다.

■ 별미

□ 해태식당

소재지 : 전남 강진군 강진읍 남성리

전　화 : 0638-34-2486 (주인 이양자)

강진시내 상가 뒤 골목안에 있는 한정식 전문식당이다. 본고장뿐만 아니라 부근의 보성, 장흥 그리고 영암과 광주에까지 널리 알려져 있는 유명한 식당이다. 그렇다고 버젓한 큰 식당이 아니라 허름한 한옥집이며 안방, 건너방, 사랑방 등에 손님을 모신다.

음식은 주인 송복동씨와 부인 이양자씨 부부가 직접 조리하고 지휘를 하는데 교자상에 저불산낙지, 조기구이, 피조개, 갈비, 석화, 어란젓, 토하젓, 세하젓, 느티나무버섯, 도미구이감태, 민어참젓, 죽순나물, 쇠고기육회 등 일일이 헤아리기 힘들 정도이며 모두 입에 붙는다. 상을 받고나면 미안할 정도로 산해진미로 가득하다.

목단지

소재지 : 전라남도 장흥군 안량면 모령리
수면적 : 11만 8천평(39.4ha)

갈대 숲 뚫어 놓은 곳이 포인트

장흥반도를 종(縱)으로 절반을 나누어 좌측은 강진군이고 우측은 장흥군이다. 강진군쪽은 간척지가 많지않지만 장흥군에는 간척지가 많다. 해창, 풍길, 죽청, 관산, 지정, 장관, 우산도, 회진, 연동 가학, 잠두, 신리 등 등 이밖에도 군소 간척지가 많다.

따라서 간척지에 물을 대주기위해 대소 저수지가 간척지마다 만들어져 있다. 그중 유명한 저수지가 관흥지, 포항지, 가학지, 지정지, 삼산지, 풍길지 그리고 가장 북쪽에 있는 목단지 등이다.

대형 간척지는 1950년대에 만들어졌고 목단지(木端池)는 1961년도에 만들어져서 조황이 좋고 장흥읍내에서도 가까워서 서울낚시인들이 가장 많이 찾는 장흥의 명소 낚시터다.

거의 직사각형에 삼면을 둑(석축)으로 쌓아서 낚시할 자리는 많다. 그러나 해안낚시터라서 오후에는 바람을 타는 단점이 있어 낚시는 바람이 덜 채이는 목단마을 앞쪽에서 많이 한다.

갈대숲이 이어져서 갈대를 뚫어 놓은 곳이 포인트다.

목단지의 적기는 초봄에서 6월사이 추수후부터 초겨울 사이이며 바람이 불지 않으면 겨울에도 낚시가 된다.

어종은 붕어, 잉어, 가물치가 주종이며 장흥지방 낚시인들은 가물치 낚시를 많이 한다.

수심은 평균 1~1.5m이며 깊은 곳은 3m가 되는 곳도 있다. 미끼는 지렁이, 떡밥 모두 쓰인다.

모령리 목단마을에서 민박이나 식사를 맡아준다.

■교통

장흥읍내 기점 일단 ⑱번 국도를 따라 7km지점의 안양(면소재지)까지
간다. 안양에서 목단지가 보이며 동쪽 둑에서 낚시를 하려면 1km쯤 더
가서 민가가 있는 곳으로 들어서면 되고, 목단마을로 가려면 우측길로
들어서서 다리를 건너면 된다. 약 1km 거리.

■별미

□녹원식당

소재지 : 전라남도 장흥군 장흥읍 건산리

전 화 : 0665 63 8900 (주인 홍순도)

장흥군청 정문앞에 있으며 한정식 전문식당이다. 교자상에 젓갈류 3~
9가지, 나물류 5,6종, 생선류 3,4종 해산물 4,5종, 그리고 매운탕 뚝배기
가 오른다.

구만지(온동제)

소재지 : 전라남도 구례군 광의면 구만리
수면적 : 10만 9천평

산 좋고 물 맑아 산소 풍부해 힘이 넘쳐

구례에서 서시천을 끼고 북쪽으로 5km를 들어가면 광의(면소재지)이다. 거기서 우측길로 들어서면 천은사~노고단 가는 길이고 개울을 끼고 약 2km를 더 들어가면 구만지 제방과 만난다.

구만지는 지리산 연봉 견두산 뱀재를 넘어 남원으로 가는 ⑲번 국도를 끼고 북쪽에서 남쪽으로 흐르는 계곡(계월천, 서시천)에 높이 20m, 길이 254m의 높은 제방을 쌓아서 홍수 조절을 겸한 농업용수지로 만들어졌다.

구만지가 산 좋고 물 맑아서 1982년경 관광낚시터로 개발할 목적으로 편의시설등을 갖추고 붕어, 잉어등 낚시 자원도 조성했으나 투자가 미치지 못해 큰 뜻을 이루지 못하고 일반 유료낚시터로 관리되고 있다.

개울을 막은 저수지라서 댐같이 물이 맑고 산소가 풍부해서 붕어, 잉어의 힘이 좋으며 강고기 종류도 풍부하다.

낮낚시보다는 밤낚시가 잘되어 주말이면 구례와 광양에서 가족동반 낚시가족이 많이 찾는다.

낚시터 곳곳에 시멘트로 앉을 터를 만들어 놓기도 했다. 낚시터가 좁게 길게 뻗어 있으며 제방에서 상류까지 만수위때는 2km가 넘도록 길게 펼쳐진다.

■ 교통
구례~산동행 시내버스가 구만지 옆을 지나간다. 승용차는 ⑲번 국도로 구례~광의에서 약 2km를 들어가면 제방 우측으로 들어서게 된다.

■ 명소
지리산 기슭 곳곳에는 일찍이 삼국시대부터 '국태민안'을 위하여 화엄

사·연곡사·천은사 같은 절이 잇따라 세워졌다.

□ 화엄사

연곡사를 세운 연기조사가 그 이듬해 세웠다는 이 절은 그 후 자장, 의상, 도선 등이 중수하였으나 임진왜란으로 소실되고, 인조 때에 벽암선사가 7년동안 지은 절이다.

국보 제67호인 각황전은 처음에는 장육전이라 불렸었는데 지리산의 굳센 맥을 누그러뜨리려고 세운 것이라고 한다. 그래서인지 그 웅장함이 지리산 산세와 잘 어울린다.

화엄사 뒤쪽 언덕에는 인간 세상의 희노애락을 상징하는 네 마리의 돌사자가 탑신을 받치고 있는 삼층석탑이 있다. 통일신라 때인 8세기 중엽에 세워진 것으로 추정되며 그 정교함이 돋보인다. 그 외에 국보 제12호인, 통일신라 문무왕 시절 의상대사가 세운 석등과 대웅전, 5층석탑이 있다.

□ 천은사

화엄사와는 달리 그 옛 모습을 많이 지니고 있는 이 절은 통일신라 흥덕왕 때인 828년에 인도 사람 덕문조사가 감로사라는 이름으로 창건하였다. 비록 화엄사의 빛에 가려 많이 알려지지 않았지만, 계곡에 걸려있는 독특한 운치의 수홍문을 거쳐 극락보전 앞에 이르는 경내 흐뭇한 정감과 절 뒤 계곡의 상쾌함 등 찾는 보람이 클 것이다.

□ 연곡사

신라 진흥왕 때인 543년에 연기조사가 세운 이 사찰은 창건 당시엔 지리산에서 큰 절로서의 웅장함을 자랑하였으나 여러번의 전란으로 인해 피해가 컸으나 많이 복원되어 옛모습을 찾아가고 있다. 국보 제53호인 동부도와 제67호인 북부도 외에 현각선사탑비, 3층석탑 등이 있다.

□ 심원마을

옛날에는 심마니나 등산객이 어쩌다 들르던 산간 계곡마을이었는데 지금은 마을까지 포장도 되었고 '자연관광지'로 탈바꿈했다. 고로쇠약수, 토종꿀, 산나물 등을 찾는 여행·관광객들이 휴양과 휴식을 위해 많이 찾고 있어 민박집도 많다. 심원산장(전화 ; 0664-782-9110) 외 7, 8호의 민박집에서 식사도 맡아준다. 천은사에서 지리산 관통도로로 약 10km를 넘어 들어간다.

■ 별미

□ 동원식당

소재지 : 전라남도 구례군 구례읍 봉동리 우체국 골목안

전　화 : 0664-782-2221

30가지에 가까운 독특한 밑반찬의 한정식이 먹을 만하다. 구례의 토속음식인 고들빼기, 갓김치, 취나물, 젓갈, 생선, 돼지불고기 등이 맛깔스럽게 차려진다. 이밖에 별미 추어탕, 곰탕, 쇠고기 불고기 등이 저렴하게 제공된다.

세계에서 제일 큰 민물고기 황어

기네스북에 올랐던 세계 최대 민물고기는 동남아 라오스와 타이를 흐르는 메콩강에 서식한다는 '빠쁘그' 또는 '뿌라뿌그'로 불리우는 메기 종류이며 평균 체장이 2~4m 체중이 163kg로 되어 있다.

그후 그보다 더 큰 '피라누크'리는 민물고기기 세계 최대 담수어로 등장했는데 그 '피라누크'는 체장 5m에 체중이 4백kg 이라고 한다.

그런데 요즘 세계의 최대 담수어는 중국의 황어 라는 것으로 밝혀져 화제를 모으고 있다.

그것도 그럴 것이 황어의 체장은 무려 7m에 무게가 1톤이라고 한다.

이 황어는 중국 흑룡강에 서식하며 1억5천년전 모습을 그대로 보존하고 있다는 것이다.

게다가 거물답게 철갑상어처럼 생겼고 이빨은 없으나 입이 마치 고무가 달린 흡습기처럼 생겼고 튀어나와서 잉어등 큰 고기를 단숨에 빨아들여 먹어치운다.

흑룡강에는 1m전후의 새끼에서부터 10m짜리도 있다고 한다. 1m짜리 새끼 황어를 걷어올리면 낚시꾼이 그대로 물속으로 끌려갈 정도로 힘이 장사라고 한다.

이 황어의 고기맛도 좋을 뿐만 아니라 황어알도 철갑상어알만큼 진미라서 중국의 주요 수출상품으로 관리되고 있다고 한다.

1989년 일본 '오오사카 엑스포' 때는 중국 수족관에 황어가 특별전시 되어 인기를 끌었다고 한다.

(낚시춘추 1989년 6월호)

장성호

소재지 : 전라남도 장성군 북일면 · 북하면
수면적 : 2백 6만평(687ha)

내수면 연구관들이 수입어종 블루길 풀어

영산강유역 개발 계획의 일환으로 1976년도에 장성호, 나주호, 담양호, 광주호 등 4개 호수가 만들어졌다. 주목적은 농업용수지였다.

그중 장성호(長城湖)는 나주호보다 조금 작으면서 낚시터와 관광지로 그리고 양식어장으로 가장 일찍 개발되었다. 장성호는 당초 호수 준공후 5, 6년간 보호수면으로 보호되었으며 그때문에 낚시터로 일찍 성장했다.

그러나 보호수면으로 지정되어있는 동안 내수면 연구관계자들의 잘못된 판단으로 수입어종인 블루길이라는 미국어종이 방류되었다. 번식력이 강한 어종으로 평가했기 때문이다. 그런데 이 블루길은 육식어종으로 우리나라 고유어종인 붕어, 잉어가 산란한 알과 치어등을 마구잡이로 잡아먹어 결국 생태계를 파괴하는 결과를 초래했다.

현재 장성호에는 가두리에서 빠져나온 향어, 그리고 손바닥만한 크기도 안되는 10~15cm 안팎의 블루길이 낚시에 낚일뿐 16~20cm 붕어가 수없이 낚이던 시절은 옛날 얘기가 되어버렸다.

향어는 가두리에서 빠져나온 것들이고 80cm 가까운 거물도 낚였다. 잉어도 블루길에게 잡혀 먹히지않고 자란 것이 60~80cm로 낚이고 있으나 잉어는 전문꾼이 아니면 낚기가 어렵다.

낚시터는 대체로 진입로가 있는 도로를 중심으로 개발되었다.

□ 약수리권

내장산 국립공원 백양사입구 일대이며 상수위때인 봄, 가을 그리고 장마때 낚시터다. 백양사로 들어서는 도로변과 약수리 건너편(상류) 일대다.

□ 하웅권

T형으로 생긴 장성호의 좌측상류권이며 호남고속도로 백양사IC에서

민물 장어 자연종과 양식종

옛날에는 밤낚시에 뱀장어가 많이 낚였다. 낚시꾼들은 재수가 없다며 받침대로 무자비하게 때려눕혔다. 뱀장어가 낚싯줄을 몸에 감으면 낚싯줄을 못쓰게 만들기 때문이다. 그토록 낚시꾼을 귀찮게하던 뱀장어가 낚시터에서 슬며시 자취를 감췄다. 낚시꾼은 그 사실도 모르고 있다. 그렇다면 그 뱀장어는 어디로 갔을까? 잎같은 형태로 부화 즉시 조류따라 수온 20℃ 전후 수온층 조류를 타고 조류여행을 한다. 그 기간은 5, 6개월에서 1년 조류가 일본~한국~중국 등 연안에 접근하면 뱀장어 치어 무리는 일단 기수역(汽水域)에 찾아들어 그곳에 머문다. 기수역에 머무는 동안 버들잎처럼 생겼던 뱀장어 치어 '텁트 세팔스'는 하얗고 투명한 실뱀장어로 변형한다.

기수역에서 머물면서 적당 시기(수온, 물흐름, 만조, 간조 등)가 되면 기수역을 벗어나 강을 타게된다. (기수역에 머무는 기간도 6, 7개월 이상 길게는 1년이상)실뱀장어가 강을 거슬러 올라가는데 낮에는 깊은 뻘 바닥이니 모래 속에서 숨고 밤이면 강을 거슬러 올라간다. 실 뱀장어를 잡아먹는 천적을 피해서다.

강으로 거슬러 올라가는 사이 실뱀장어의 색은 투명색에서 검은 색으로 색이 변한다. 강을 거슬러 올라가다가 적당한 하천이나 저수지로 들어가 거기에 정착하게 된다. 모해에서 출발해서 장장 2년에서 3년 가량의 기간이 소요된다.

저수지나 강에서 약 10년을 살다가 혼인색이 나타나면 거슬러 올라왔던 강으로 다시 내려간다. 그리고 강하구에 내려가 기수역에서 6, 7개월 이상 머물며 수온 조류 조건등이 맞을 때 바다로 들어간다. 일단 바다로 들어가면 모해에 도착 산란할 때까지 절식(絶食)한다. 모해에서 산란을 하면 부화되는 새끼도 못보고 일생을 마친다.

그런데 문제는 실뱀장어가 바다에서 강하구에 도착, 머물고 있는동안 그물로 모조리 잡히고만다. 그물로 잡는 사람은 물론 어부다. 이 실뱀장어는 수출업자의 손에 넘겨져 일본에 수출된다. 그리고 일부는 국내 양판장에도 보내진다.

국내에서 양식된 뱀장어는 연간 수 백톤에 달하며 이 양식장어가 음식점에 공급되는 것이다.

그래서 근년 강이나 저수지에서 뱀장어 구경하기가 힘들게 되었다.

장어는 현대 과학기술로 채란, 부화가 안된다고 한다. 게다가 장어는 후각이 예민해서 오염된 물에 예민하다.

일본의 강하구가 오염된 것은 꽤 오래다. 그래서 뱀장어가 일본 강하구에 접근을 안해서 실뱀장어를 대만이나 한국에서 수입해간다.

앞으로 우리나라에서도 실뱀장어를 구경하기 힘들게 될지도 모른다.

실뱀장어의 마구잡이도 강의 오염은 머지많은 장래에 실뱀장어를 구경하기 힘들게 되고 실뱀장어를 구경할 나라도 없어질 것 같다.

벗어나 ①번 국도로 장성호가 나타나는 곳 일대다.

□신양 양돈장위

좌측상류에서 우회전하면 있는 좌측 상류일대다. 양돈장이 있었던 곳 일대이며 이곳도 상수위때 낚시터다.

□수성리권

백양사IC에서 벗어나 ①번 국도로 하웅으로 들어서기전 우측으로 있는 길따라 들어가면 장성호 중류권이 된다. 이곳에 뱃터가 있어서 장성호 하류권 진입기점이 된다. 도선과 민박 식사를 맡아주는 낚시 안내인 집이 있다.

이밖에 뱃터에서 배를 타고 하류와 건너편 등으로 진입할 수 있다.

둔전지

소재지 : 전라남도 진도군 군내면 둔전리
수면적 : 24만 3천평(81ha)

이른 봄, 늦가을, 겨울 비철에 호황

예전 진도 연육교가 생기기전에 육지와 진도를 잇는 도선이 벽파나룻
터로 들어왔다. 거기 벽파나룻터 옆에 있는 커다란 간척지 저수지가 둔
전지(屯田池)다.

이 저수지가 만들어진 것은 1959년으로 제방의 높이는 5m에 불과하지
만 둑의 길이는 1천2백76m로 까마득하게 길다. 옛날 바닷물이 드나들던
갯벌에 방조제(1km)가 막아지고 거기 간척지에 물을 대주기위해서 만들
어진 농업용수지이며 진도에서는 가장 큰 저수지다.

3~5년에 한번꼴로 저수지가 바닥을 드러내는데 이상하게도 거북등
모양으로 갈라졌던 저수지에 물이 채워지면 어디서 생겨나는지 손바닥
이상 크기의 붕어가 무진장 낚인다. 갯벌 속 깊숙히 파묻혀 있던 붕어가
되살아나는 것이 아니냐는 추측이 간다.

어쨌든 신기할 정도로 붕어는 멸종하지 않고 매년 낚이며 잉어도 양
은 많지 않지만 끊임없이 낚인다.

대체로 수심이 얕고 수초가 많아서 비 끝에는 가장자리 수초밭으로
나오지만 그밖에는 중심부 수초밭에 머물고 있게 된다. 광주 해남 낚시
인들은 릴낚시를 많이 한다. 수위가 높을 때 봄, 늦가을 또는 겨울에는
도로변 수초를 노리면 된다. 둔전지는 여름철보다는 이른 봄, 늦가을, 겨
울 등 비수기철에 낚시를 많이 한다.

■교통

해남에서 ⑱번 국도로 우수영까지 약 32km, 다시 우수영 연육교에서
다리를 건너 휴게소에 잠깐 들렀다가 약 7km쯤 달리면 둔전지가 좌측
길 옆으로 있다.

■명소

□ 용장산성

  둔전지에서 남동 방향으로 옛성이 하나 있다. 이는 고려조정이 몽고와 강화를 맺자 이에 대해 고려 조정과 몽고에 항거한 삼별초군의 두번째 근거지였다. 용장산 기슭에 그 일부가 남아있는데 둘레가 38.741자이고 높이가 다섯자인 돌성으로서 역시기록에 의하면 삼별초가 이곳에 진을 쳤을 때에 쌓았다고 하나 그 이전부터 있었다는 주장도 있다.

만수지

소재지 : 전라북도 정읍시 소성면 만수리
수면적 : 5만 6천평

오래묵은 저수지로 전천후 낚시터

정읍군에는 유명했던 내장지(지금은 상수원지)를 위시해서 산좋고 물 깨끗한 월척 낚시터가 많다. 그중에서도 만수지(萬壽池)는 50년이나 된 오래묵은 저수지이면서 전천후 낚시터로 유명한 낚시터이다. 그 지방 뿐만 아니라 서울 낚시계까지 그 명성이 잘 알려져 있다. 정주시~부안간 국도변에 있고 겉보기에는 평범하지만 저수지로 들어서면 노송으로 둘러싸인 아름다운 경관에 월척 붕어와 잉어까지 낚이는 일급 낚시터라는 것을 느낄 수 있다.

저수지가 두가닥 상류로 나뉘어져 있는데 상류쪽에 말풀 등 수초가 알맞게 깔려 있어서 낚시터로서 첫 인상이 좋다. 이곳 만수지를 지역 부인회에서 유료낚시터로 관리하려고 꽤 오래전 잉어 치어를 방류했다. 낚시터 관리는 성사되지 않았지만 그때의 잉어가 상당수 번식했다.

만수지에는 겨울에도 낚시인들이 앉아 있을만큼 낚시가 잘 되는 곳이며 최근에는 떡붕어까지 자생하여 월척 떡붕어까지 낚이고 있다. 정읍천에서 양수해서 저수하는 과정에 흘러 들어온 떡붕어가 번식한 것으로 생각되고 있다. 적기는 이른 봄과 가을이고 겨울에도 붕어가 입질을 해준다.

낚시터가 거의 평지라서 앉을 자리가 많다. 제방 우측 3단묘 앞쪽이 명당으로 꼽히고 있다.

■ 교통

호남고속도로 정읍IC를 벗어나 정주시 반대쪽인 서쪽으로 ㉙번 국도를 들어서서 약 1.5km를 달리면 삼거리가 나온다. 좌측길은 고창으로 가는 ㉒번 국도이고 직진하면 부안·김제쪽으로 가는 ㉙번 국도다. 부안 김제길로 직진 약 1.5km를 가면 좌측에 저수지 상류가 나온다. 그곳이

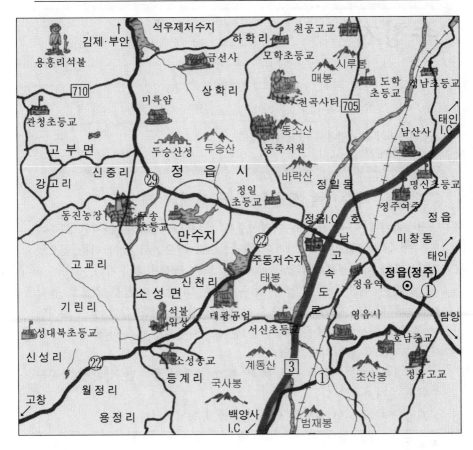

만수지다.

■ 명소
□ 두승성터(斗升城地)

　만수지 상류쪽인 북쪽을 바라보면 높지는 않지만 숲으로 덮인 산이
두승산(444m)이다. 여기 두승산은 역사적으로 유서가 깊은 산이다.
　두승산 능선과 남서쪽 골짜기를 둘러싼 석성(石城)인 두승산성(정읍시
고부면 입석리)은 「신증동국여지승람」에는 고석성(古石城)으로 둘레가 1
만 8백 12척(尺)이며 영주(瀛州) 때의 옛성이라고 기록하고 있다.
　또 이곳 두승산성에는 '새야 새야 파랑새야'의 녹두장군 전봉준이 동학
도를 규합, 봉화를 올린 곳으로 유명하다. 만수지 서북쪽 고부면 신중리
죽산마을에는 동학혁명의 진원지를 알리는 동학혁명 모의탑이 있다.

수청지

소재지 : 전라북도 정읍시 칠보면 수청리
수면적 : 10만평

댐같은 저수지에 힘좋은 붕어 낚시의 명소

정읍지방에는 물 깨끗하고 경치좋은 낚시터가 많기도 하지만 그중에
도 수청지(水靑池)는 노령산맥이 내장산으로 뻗으면서 잠시 머문 곳으로
고당산(640m)과 칠보산(472m) 골짜기를 막은 댐같은 저수지다.

당초에는 수심이 깊고 물이 맑아서 붕어가 낚이지 않을 것으로 생각
했었는데 이곳에 향어가두리가 들어서면서 향어낚시를 갔던 정주 낚시인
이 준척급 이상의 힘좋은 떼붕어를 만나 낚아올리면서 일약 수청지는 붕
어낚시 명소로 알려지게 되었다.

만수위때보다는 물이 조금 빠진 때가 조황이 좋지만 산란기 낚시는
수위를 가리지 않는다.

제방 하류 건너편 골짜기 안과 상류쪽이 봄낚시터다.

■ 교통
정읍시내에서는 일단 칠보로 들어서면 되고 호남고속도로를 타면 태
인IC를 벗어나 ㉚번 국도로 칠보까지는 약 9km, 칠보에서 시산교를 건너
개울길따라 남쪽 방향으로 7km를 들어가면 댐같은 제방에 이른다.

■ 명소
□ 무성서원
소재지 : 전라북도 정읍시 칠보면 무성리

무성서원은 최치원이 태산현 군수를 지내면서 많은 치적을 남겨 그의
업적을 기리기 위해 세운 태산사(泰山祠)를 태산서원이라 부르다가 숙종
22년(1696) 무성(武城)이라는 사액을 받아 무성서원이 되었다.

소수서원이나 도산서원 같은 위세는 없지만 사적 제 166호로서 홍살
문, 비각, 현가루, 강당 등이 남아 있어 옛 향취를 느낄 수 있다.

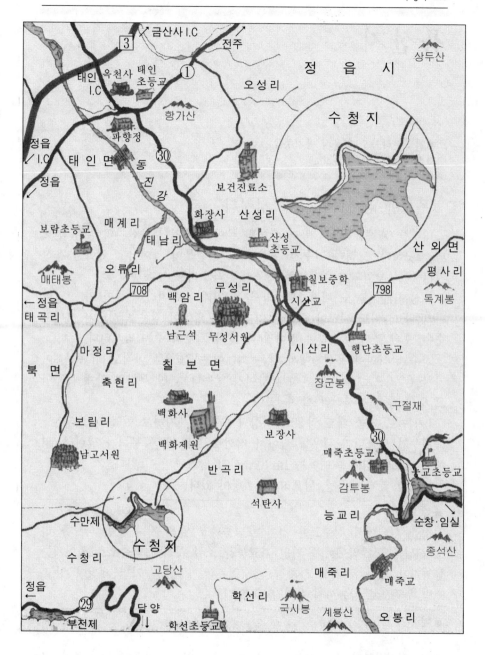

용산지

소재지 : 전라북도 정읍시 용산동
수면적 : 11만 5천평(38.3ha)

무한한 잠재력의 좋은 낚시터

　내장산 북쪽계곡에서 흘러 모아진 물이 담겨져서 용산지의 물은 언제나 깨끗하다. 그러나 저수지 주변에 도시 건물이 들어서고 있어서 용산지의 물이 오염되지 않을까하는 우려의 목소리도 높다.

　용산지(龍山池)도 해발 1백m의 높은 지대 저수지라서 물이 차고 잉어가 많다. 붕어도 씨알이 굵은 것이 많지만 입질이 잦은 낚시터가 아니고 수온, 수위 조건등이 맞아 떨어질 때 호황을 보여 주는 낚시터다.

　정주 낚시인이 용산지에서 낚은 최대어는 52cm로 아직도 더 큰 붕어가 많을 것으로 보지만 흔하게 낚이지 않는다. 다만 무한한 잠재력을 안고 있는 좋은 낚시터라 할 수 있다.

　1994년도 가뭄 때도 약 30% 이상의 수위를 유지하고 있었다.

　새우가 있으니까 새우를 잡아서 미끼로 쓰면 굵은 붕어가 달린다. 잉어도 많으며 잉어 최대어는 1m 10cm까지 낚였던 일이 있다.

　저수지 옆에 매운탕, 닭요리 등 식당이 있다.

■ 교통
　정읍 시내에서 정주교를 건너 호남중학교 옆을 지나 ①번 국도를 타고 서남쪽으로 약 2km를 가면 과교동을 조금 못가서 좌측으로 꺾어지는 삼거리가 있다. 거기서 좌회전 남쪽으로 약 4.5km를 가면 제방이 있고, 제방 우측으로 상류까지 올라갈 수 있다.

■ 명소
□ 북창약수
　정주(井州)였던 정읍(井邑)은 그 이름에서 알 수 있듯이 물이 좋은 고장으로 이름이 나있다. 지금은 약수터가 대부분 물이 마르거나 폐쇄되고

정주의 북창약수와 내장산 백년약수만이 그 옛 명성을 유지하고 있다.

　북창약수는 입암산(626m) 줄기에서 내려오는 물로 이끼가 무성하게
낀 바위벽에서 맑은 석간수가 떨어져 내려 샘에 고인다. 동그란 샘의 물
맛은 미지근한 편이고, 네모난 샘은 무척 시원해 탄산수를 마시는 느낌
으로 피부병과 위장병에 특효가 있다하여 많은 이들이 찾아온다.

부전지

소재지 : 전라북도 정읍시 부전동
수면적 : 6만평(20ha)

정읍 낚시인이 아끼는 월척 낚시터

부전지(夫田池)는 1980년도에 축조된 해발 120m의 고지대 저수지다.
지난 1994년 7월 한발 때 정읍지역에서 태인의 수청지와 용산지 등과 위
험을 넘긴 저수지다.

1993년부터 월척을 선보이기 시작한 부전지는 내장산에서 쌍치(쌍계)
로 넘어가는 새로 포장된 길옆에 있다.

물이 깨끗하고 힘좋은 붕어가 낚이며 월척이 가끔 선을 보여서 정읍
낚시인들이 아끼며 찾는 낚시터다.

도로변 쪽에 포인트가 있고 건너편 산 쪽에도 몇자리 있다.

정읍 내장산 입구에 있던 내장지가 상수원지로 지정되면서 부전지가
대신 월척낚시터로 인기를 모으기 시작했다.

어종은 붕어와 대형 메기 그리고 가두리에서 빠져나간 향어도 거물로
자라서 입질을 해준다. 짧은 대보다는 긴 대쪽이 유리하다. 미끼는 떡밥,
겨울에도 낚시가 된다.

■ 교통

정읍시내에서 내장사길(㉙번 국도)로 들어서서 약 5km를 가면 내장지
제방이 보이는 곳에서 좌측 ㉙번 국도가 나타난다. 거기서 좌회전하면
부전동이며 1.5km쯤 들어가면 국도변에 부전지 제방이 높게 나타난다.

부전지에서 내장산 연봉 고당산 개운치고개를 넘어서면 순창땅 쌍치의
절경들이 펼쳐지며 담양호로 이어진다. 1993년도에 포장공사가 끝났다.

■ 명소

□ 김동수 고가
소재지 : 전라북도 정읍시 사의면 오공리

지금의 주인 김동수 씨의 6대조 김명관(1755~1822)이 17세 되던 해에
짓기 시작하여 10여 년 만에 완성되었다는 이 집은 중요민속자료 26호로
서 보수나 개조없이 원형 그대로 보존되고 있다.

왕궁지

소재지 : 전라북도 익산시 왕궁면 동용리
수면적 : 15만 1천평

대어는 피라미 미끼를 좋아해

일제때인 1931년도에 만들어진 당시에는 놀랄만한 대형 저수지였다.

옛날의 궁터로 전해지는 왕궁평(王宮坪)이 지금의 왕궁면 왕궁리이므로 저수지의 이름도 왕궁지다.

몇해전 왕궁지(王宮池)에서 밤낚시를 하는데 현지 낚시인이 작은 피라미를 잡아서 미끼로 쓰라고 귀뜸해주었다. 그 사람 말대로 피라미를 잡아 토막을 쳐서 미끼로 달아줬으나 월척은 고사하고 잔챙이도 낚지 못했다. 그리고 몇 해후 다시 갔을 때 그 생각이 나서 피라미를 잡아 미끼로 달아주었더니 얼마후 찌를 올려준 붕어는 준척급 대어였다. 왕궁지 대어는 피라미를 좋아한다는 사실을 그 때 확인한 셈이다.

왕궁지는 물이 깨끗하면서 상류쪽에는 수초밭이 꽤 넓다. 봄에는 수초밭 낚시에 피라미를 꿰어 주지않아도 지렁이에 큰 붕어가 낚인다.

제방 좌측으로 버스길이 있으며 2km를 들어가면 원수지라는 낚시터 상류에 이른다.

왕궁지 상류에 있는 민가에서 민박이 가능하며 식사도 부탁하면 맡아준다.

■ 교통

호남고속도로 익산IC를 벗어나 익산쪽으로 720번 지방도로로 들어서면 우측 길옆에 제방이 있다. 호남고속도로에서 익산쪽으로 나서면 우측 고속도로변 산 뒤쪽에 잠깐 나타났다가 산에 가려 보이지않는 상류가 왕궁지다.

■ 명소

□ 함벽정

왕궁지 제방 우측으로 들어서면 왕궁지 준공비가 있고 뒤쪽은 야산이

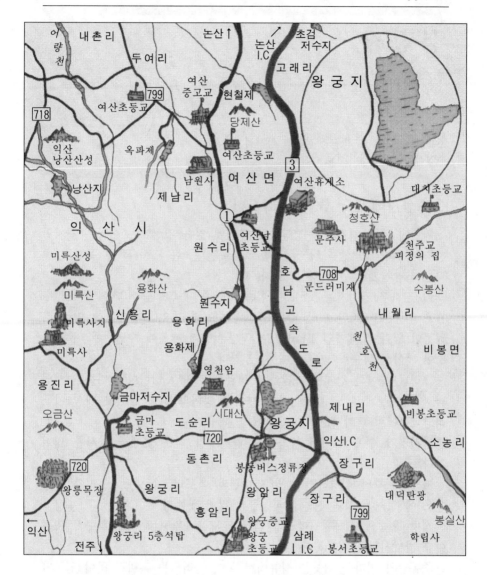

다. 이 야산에 벚나무, 단풍나무, 느티나무가 온통 동산을 감싸고 있는
숲 사이로 저수지를 내려다보고 있는 정자가 있다. 정자 이름은 힘벽징
(涵碧亭)이며 봄, 여름, 가을 계절에 따라 꽃과 단풍으로 아름답게 수놓
아 많은 관광객이 찾는다.

경천지

소재지 : 전라북도 완주군 경천면 경천리
수면적 : 97만평(3백20ha)

초심자에게도 즐거운 낚시터

완주에 있는 경천지와 경상북도 문경에 있는 경천지는 이름은 같지만 완주 경천지(庚川地)와 문경 경천지(慶泉池)는 한자도 다르고 문경 경천지는 48만평으로 완주 경천지보다 작다.

이곳 완주 경천지는 3백고지 험준한 산속 계곡에 들어앉아 있어서 수원은 좋은 편이지만 워낙 넓은 몽리면적을 갖고 있어서 가뭄에 약한 취약점이 있다. 일제때인 1935년도에 만들어졌기 때문에 수면적에 비해 제방이 낮아서 담수량이 적기 때문인것같다.

그러나 붕어의 잠재량이 많아서 씨알은 잘지만 허탕이 없다는 낚시터다. 예전에는 잉어도 많았는데 근년에는 잉어의 양이 줄었고 대신 가두리양식장에서 빠져나온 향어가 입질을 거든다.

낚시터가 원체 넓어서 승용차로 들어가기 쉬운 곳에서 낚시를 많이 한다.

제방에서부터 설명하면 제방 건너편의 옥포리 이곳은 가두리가 가까운 곳에 있어서 향어 전문 낚시꾼들이 많이 찾는다.

제방 우측으로 하류권이 돌다리골과 황골마을 앞쪽인데 갈수기 또는 여름 밤낚시터로 적당하다.

중류권의 외마을 이곳은 상류에서 물이 흘러드는 후미진 곳이 입구가 되며 사철 좋은 포인트이다. 민가가 있어서 숙식에 도움을 얻을 수 있다.

봄에는 최상류 수락마을 다리부근에 명당이 많다.

■교통

충청북도 대전에서 남쪽으로 있는 복수에서 대둔산을 경유, 전주로 이어지는 ⑰번 국도변에 있으며, 전주나 익산IC에서 진입하면 일단 봉동으

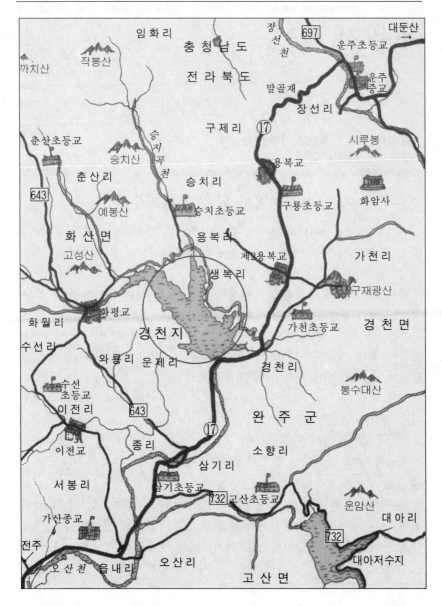

로 들어선다. 봉동에서 ⑰번 국도로 북쪽 6km에 고산이 있고, 고산에서
계속 7km쯤 달리면 좌측에 제방이 있다.

　대둔산에서 경천지까지는 ⑰번 국도로 약 21km 거리다.

유유지

소재지 : 전라북도 부안군 산내면 마포리
수면적 : 5만 7천평(16.9ha)

수심이 깊고 사수면적이 넓은 계곡저수지

변산반도(국립공원) 좌단에는 격포지(4만평), 운산지(2만 2천5백평) 그리고 유유지 세 곳이 있다. 그중 유유지(儒遊池)가 가장 크며 붕어, 잉어가 잘 낚이는 곳으로 인기가 높다.

격포지는 격포해수욕장과 채석강이 있는 격포 거의 다가서 있다. 늪지형 저수지라서 수초가 많고 붕어의 번식도 빠른 곳이지만 수심이 얕아서 가뭄을 잘 탄다. 유유지는 상류쪽 마포리 유유부락 뒤쪽으로 말풀등이 있기는 하나 계곡저수지라서 수심이 깊고 사수면적도 넓어 가뭄때 그물남획만 안하면 붕어, 잉어가 많이 자생하게 된다.

도로 건너편 산밑 약간 후미진 곳 모퉁이 바위를 피해 앉으면 잉어터이고 상류쪽은 붕어터이다.

어종은 붕어, 잉어가 주종이다.

저수지 주변에 민가가 있어서 숙식이 어렵지않다.

■교통

부안에서 ㉚번 국도로 변산해수욕장을 지나 격포행쪽으로 약23km 지점에 있는 삼거리가 마포삼거리다. 좌측으로 직진해서 ▨▨▨번 지방도로를 1km 들어가면 유유지가 나온다. 삼거리에서 우측길은 격포로 가는 길이고, 마포삼거리에서 2km쯤에 있는 저수지(좌측)가 격포지다.

■명소

□ 채석강과 적벽강

격포 중심가로 들어서기 전 우측에 채석강 입구라는 안내표지판을 따라 들어서서 상가를 빠져 들어가면 펼쳐지는 해안이 채석강(彩石江)이다. 이곳은 부안 변산반도 국립공원 제일의 명승지로서 옛 수운(水運)의 근

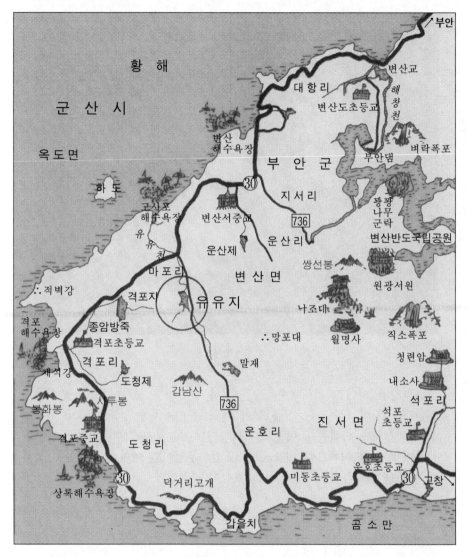

거지였으며, 조선시대에는 전라 우수영 관하의 격포전이 있던 곳으로 현재 전라북도 기념물 제28호로 되어 있다. 해안 암석(수성암)이 절벽 단층을 이루고 있는데 마치 수만권의 책을 포개놓은 듯한 장관을 이룬다.

　여기 채석강은 당나라때의 시성 이태백이 술에 취해 뱃놀이를 하다가 강물에 뜬 그림자를 잡으려다 물에 빠져 죽었다는 중국의 채석강과 닮았다고해서 채석강이란 이름이 붙여졌다고 한다.

붕어, 낚시의 진면목

  채석강과 이어진 격포해수욕장을 지나 후박나무 군락이 있는 연안을
거쳐 수성당이 있는 용두산을 돌아 대마골, 여우골을 감도는 2km 가량
의 해안선이 나타나는데 이곳이 적벽강이다. 이 역시 적벽강처럼 아름
답다하여 붙여진 이름으로 이름 그대로 석양무렵이면 바다로 가라앉는 불
타는 듯한 햇빛을 받아 붉게 물든 모습이 장관이다.
  □ 내소사
  소재지 : 전라북도 부안군 진서면 석포리
  백제 무왕 34년(633)에 혜구두타(惠丘頭陀)가 대소래사・소소래사로
이루어진 소래사를 창건하였는데, 지금의 내소사는 예전의 소소래사이다.
  한때는 선계사, 실상사, 청림사와 함께 변산의 4대 명찰로 꼽혔으나
지금은 모두 불타 없어지고 내소사만 남게 되었다.
  이곳에는 조선 인조 11년(1633)에 건립된 대웅보전이 있는데, 정면 3
칸 측면 3칸의 단층 팔작지붕집으로 쇠못 하나 쓰지않고 오직 나무로만
깎아끼워 맞추었다. 장식이 화려한 다포계이지만 단청이 모두 퇴락하여

나뭇결이 그대로 드러나 있다. 특히 대웅보전의 정면 3칸 여덟짝의 문살은 연꽃과 국화꽃으로 가득 수놓는 꽃밭을 연상시킨다.

그외에 청림사에 있던 종을 조선 철종 4년에 이곳 보종각으로 옮긴 고려 동종과 봉래루, 설선당 등이 있다.

■ 별미
□ 계화회관
소재지 : 전라북도 부안군 부안읍 동중리
전　화 : 0683-84-0075 (주인 이화자)

부안읍내 터미널에서 김제방향 쪽으로 있는 우체국 앞에서 좌회전해서 직진하면 좌측 길옆에 있는 백합죽 전문식당이다.

계화도 쌀과 계화도 근해에서 잡은 백합에 부안에서 생산된 김을 넣고 쑨 백합죽은 맛도 구수하지만 영양식으로도 따를 것이 없다. 흰 백자 대접에 담겨 나와 보기만해도 먹음직스럽다.

우동지

소재지 : 전라북도 부안군 보안면 우동리
수면적 : 3만 2천평(10.7ha)

해안 계곡에 경관 낚시 모두 짭짤

우동지(牛東池)는 변산반도국립공원 동남단과 곰소만을 내려보고 있는 옥녀봉 계곡에 들어앉아 있다. 비록 저수지 규모는 작지만 주변 경관이 아름답고 수심이 깊어 물이 깨끗한 저수지다.

변산반도 남쪽 깊숙히 파고 든 곰소만은 젓갈의 명산지로 유명하지만 해안에는 염전도 있고 해안 수로 그리고 수심이 얕은 연안에서 철따라 숭어, 망둥어낚시도 성행한다.

그래서 산기슭 계곡 속에 있는 우동지는 지나쳐 가기 쉬운 낚시터이지만 붕어, 잉어 등 굵은 것이 많이 낚인다. 물이 맑고 깨끗해서 봄낚시 보다는 여름 밤낚시를 해야한다. 하지만 해안 계곡이라 모기 기승도 만만치 않아서 밤낚시를 하려면 충분한 모기 대처 방법이 뒤따라야 한다.

붕어의 씨알이 굵고 잉어는 평균 50, 60cm이상이다. 잉어는 전문꾼의 차지다.

저수지에는 민가가 없으므로 숙식 채비는 갖춰야 한다.

■ 교통

줄포면 영전 교통안내소 사거리까지는 부안에서 ㉓번 국도를 끼고 남향하여 15km 거리이다. 정읍에서는 약 18km. 영전 사거리에서 ㉚번 국도로 서진 곰소쪽으로 들어서서 약 3km 지점이 우동지다.

우동지에서 개울따라 약 1.5km를 북쪽으로 언덕길을 들어가면 제방이 나타난다. 제방 좌측길이 상류까지 올라간다.

■ 별미

□ 원조 해장국
소재지 : 전라북도 김제시 요촌동

전　화 : 0658-44-1696(주인 손순임)
　읍내 아리랑탕 아래층에 있는 이 집은 전주식 해장국이 콩나물국밥
전문음식점이다. 전주의 콩나물밥에 뒤지지 않는 얼큰하고 시원한 맛이
라고 자랑하는 콩나물국밥 해장국이다.

궁산지

소재지 : 전라북도 고창군 심원면 궁산리
수면적 : 23만평(76.6ha)

북부 호남권의 최고 낚시터

선운사 도립공원이며 국립관광지구로 지정된 선운사 서쪽 산너머 계곡속에 만들어진 큰 저수지다.

궁산지(弓山池)는 월척낚시터로 꽤 오래전부터 알려졌으며 1970년대부터 서울 낚시인들이 교통의 불편함을 무릅쓰고 찾아갔던 곳이다.

겨울에도 얼음만 얼면 얼음낚시에 월척이 낚여 북부 호남권에서는 명낚시터 중 최고로 꼽히는 곳이다.

계곡저수지라고는 하지만 제방 우측으로는 정읍~흥덕~심원~금평(궁산지)~공음~영광으로 이어지는 ㉒번 국도와 동호리해수욕장~금평(궁산지)~무장~고창으로 이어지는 703번 지방도로가 있다. 제방 좌측에도 산을 끼고 제방에서 상류로 도로가 나있고, 저수지를 둘러싼 도로가 사통팔달 열려 있어서 포인트 접근에 어려움이 없다.

갈수기에는 제방좌측 하류 산밑으로 앉으면 되고 상수위 때는 제방 우측 상류와 중류에 포인트가 많다.

어종은 붕어, 잉어가 주종이다.

■ 교통

호남고속도로 정읍IC에서 ㉙번 국도로 서향하여 진행하면 ㉒번 국도와 갈리면서 이 ㉒번 국도를 타고 흥덕 경유 선운사길을 들어서서 선운사 입구를 지나쳐 해안국도로 심원을 경유해서 들어가도 된다. 고창에서는 796번 지방도로를 이용해서 아산을 경유, 무장까지 약 13km를 가서 무장에서 우측 703번 지방도로로 북서방향으로 해리까지 약 5km정도 간다. 해리에서 약 2km를 더 가면 된다.

■ 명소

□ 고창읍성

소재지 : 전라북도 고창군 고창읍 읍내리

전국에서 원형이 가장 잘 보존된 자연석 성곽으로 단종 1년(1453)에 세워졌다고도 하고 숙종때 완성되었다고 하지만 분명하지는 않다. 다만 성벽에 새겨진 글자 가운데 계유년에 쌓았다는 글자가 있는데, 「동국여지승람」에 의거 1453년에 세워지지 않았을까 추정할 뿐이다.

사적 제 145호로 높이 4~6m이고 둘레 1.680m이며 거의 자연석으로 이루어졌다.

가재가 서식하는 물은 1급수

환경처가 정한 수질 등급은 BOD(생물화학적 산소요구량) 농도를 기준으로 했으며 1급수에서 5급수까지 등급을 분류 했다.

① 1급수(BOD 1PPm 이하)

가재와 옆새우 등이 서식하면 1급수이며 청정수역으로 볼 수 있다는 것. 간단한 여과등의 정수 처리로도 식수 사용 가능.

② 2급수(BOD 2~3PPm)

돌 밑에 작은 벌레인 하루살이 유충이 서식하면 2급수정도 약품처리 또는 끓여서 식수로 사용 가능

③ 급수(BOD 3~6PPm)

다슬기, 거머리, 물달팽이가 서식하면 3급수로 분류되며 고도의 정수 처리를 거쳐야만 식수로 사용가능

④ 4급수(BOD 6~8PPm)

실잠자리, 나방, 파리 등의 유충이 서식하면 4급수로 분류. 수돗물로 사용할 수 없다.

⑤ 급수(BOD 8~10PPm)

장구벌레(모기유충) 실지렁이 등이 있으면 5급수에 속한다. 수돗물사용 불가능하다.

물고기중에서 송어가 서식하는 물은 1급수, 뱀장어와 피라미가 서식하면 2, 3급수, 잉어나 붕어는 4, 5급수에서도 서식할 수 있다.

■ 별미

□ 선운사 산장회관

소재지 : 전라북도 고창군 아산면 삼인리

전　화 : 0677-62-1563 (주인 박권준)

선운사 도립공원 안에 있는 산장회관은 풍천장어구이와 산채정식 전문식당으로 많이 알려진 집이다.

곰소만에 면해 있는 고창군 심원면과 부안면의 지경에 주진천이란 강이 있다. 여기 주진천 하구에서는 옛날부터 산란을 위해 바다로 내려가려고 머물고 있던 장어가 많이 잡혔다. 이 장어가 풍천장어구이로 전국에 이름을 떨치고 있다.

그러나 지금은 자연산 장어가 귀해져서 고창군 심원면 월산리 해안에 있는 '풍천종합양어장'에서 장어를 키워 맛있는 풍천장어구이감으로 제공하고 있다.

풍천장어구이는 진간장, 고추장, 엿, 청주, 마늘즙, 생강즙 등 10여종류의 양념을 끓여 만든 양념장을 상어에 일곱번 발라가며 구워내는 요리법으로 독특한 맛을 낸다.

풍천장어구이에 산딸기의 일종인 '복분자'로 담근 술도 내놓고 있어 애호가들의 환영을 받고 있다.

동림지

소재지 : 전라북도 고창군 흥덕면 석우리
수면적 : 1백 15만 6천평(385ha)

초봄 산란기에 붕어떼 놀라워

동림지(東林池)는 국내 저수지로는 예당지, 논산지 다음으로 큰 규모다. 반세기가 지난 60년전에는 국내에서 제일 큰 저수지였다.

옛날에는 저수지 축조가 순전히 삽과 지게 등 순수 노동인력에 의해서 만들어졌으니 1백만평이 넘는 큰 저수지를 만드는 인력이 대단했을 것이다.

그래서 저수지의 수심이 얕고 완만해서 심한 가뭄에 바닥을 드러내는 취약점이 있지만 수초가 많고 수온이 높아서 붕어, 잉어의 번식과 성장이 빨라 손바닥만한 붕어가 무수히 낚인다.

특히 초봄 산란기가 임박할 무렵이면 흥덕으로 가는 국도변에서 상류로 이어지는 수로에 붕어가 떼지어 모여든다. 특히 봄비가 쏟아진 후에는 붕어가 모두 상류 수초에 올라붙어 엄청난 숫자가 낚이기도 한다.

저수지가 야산에 둘러싸여 있어서 어디에 앉거나 낚시터는 우열의 차가 심하지 않다.

예당지와 달라서 차량으로 저수지를 한바퀴 돌 수 있는 도로가 없는 것이 흠이면 흠이다.

■ 교통

호남고속도로 정읍IC를 벗어나 고창행 ㉒번 국도로 접어들어 흥덕에 거의 다 왔을 때쯤 상류가 도로변에서 보인다.

일단 흥덕으로 들어가서 줄포행 ㉓번 국도로 4km쯤 가면 석우리 제방으로 들어가는 길이 나온다. 큰길에서 제방까지는 약 1km 거리다.

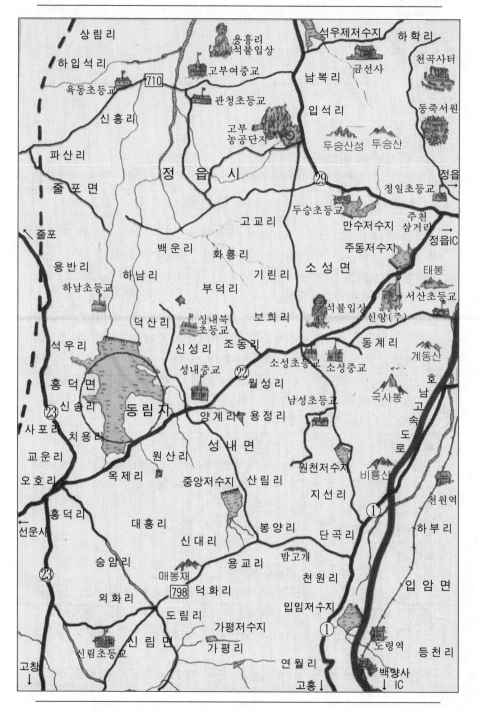

왕방지

소재지 : 전라북도 임실군 성수면 왕방리
수면적 : 15만 6천평(52ha)

자원이 풍부하기로 소문난 낚시터

동(東)으로는 성수산이, 남(南)에는 영태산, 매봉 등 소백산맥 연봉의 분지속에 들어앉은 왕방지(枉訪池)는 예전 왕방방죽이 있던 곳에 높이 30m나 되는 제방을 쌓아서 1987년 준공 직후부터 붕어가 다량으로 낚이고 있는 곳이다.

게다가 산비탈에 있던 감나무와 잡목들이 물에 잠겨 담수 초기에 수초대신 산란장 구실을 해줘서 내수면 자원이 풍부하다고 소문난 낚시터다. 어종은 붕어가 주종이고 메기도 많다. 수심이 깊기 때문에 만수위때는 두 줄기의 상류쪽에 앉아야하고 중수위때 포인트가 많이 생긴다.

성수면 소재지에서 동북쪽으로 약 4km를 들어가면 성수지(3만8천평)가 있는데 그곳에도 잉어가 많다.

■ 교통
임실역전을 기점 남동쪽 오수방향 ⑰번 국도로 3km쯤 가면 성수면소재지로 들어가는 삼거리가 나온다. 여기서 좌회전 ㉚번 국도 약 1.5km 지점이 성수이고 거기서 1.5km쯤 더 가서 있는 삼거리에서 우회전 [721]번 지방도로 약 1km쯤 가면 좌측에 제방이 있다.

■ 명소
□ 성수산 상이암(上耳庵) 어필각(御筆閣)
성수면소재지에서 동북쪽으로 2km를 가면 진안(마령)과 성수산 상이암(上耳庵) 어필각으로 들어가는 삼거리가 나온다. 우측길로 들어서서 성수지(성남저수지)를 경유 5km쯤 들어가면 상이암이 있고 어필각 비각(碑閣)이 있다.

상이암은 고려 태조 왕건(王建)과 조선 태조 이성계가 기도를 올리고

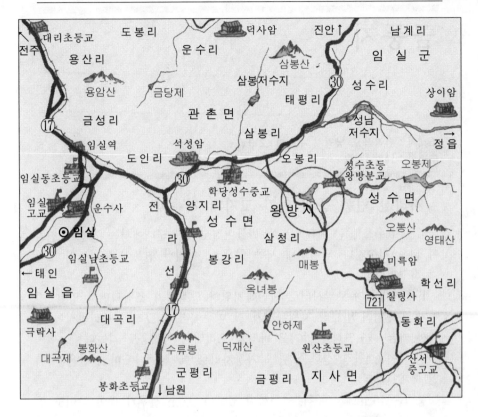

등극했다는 전설의 사찰이다.

이성계는 이곳 상이암에서 백일 기도를 했으나 현시(顯示)가 없었다. 그래서 다시 3일동안 기도를 하고나서 환희담에 들어가 목욕을 하고 있는데 어린 중이 나타나 함께 목욕을 하였다. 이성계는 어린 중의 거동이 심상치 않아 근처에 있는 절을 찾아갔으나 그런 어린 중은 없다고 했다. 그가 바로 고려 태조 왕건이 백일기도후 만났다는 관세음보살인 것을 깨닫고 바위 위에 '三淸洞(삼청동)'이란 글을 새겼다. 그로부터 얼마후 밤하늘에 서광이 비치고 백색 무지개가 서울 자미궁안으로 비쳤으며, 공중에서 '성수만세'라는 소리가 들려왔고 산에 세번 메아리쳤다고 했다.

그후 이태조가 조선을 건국후 팔공산 도선암을 '성수산 상이암'으로 개명하였으며 '三淸洞(삼청동)'이란 글을 그후 자연석으로 다듬어 암자 입구에 세우고 어필각(御筆閣)으로 불려왔다.

금풍지

소재지 : 전라북도 남원시 주생면 도산리
수면적 : 14만 4천평

지리산 연봉 품에 안긴 고지대 저수지

금풍지(金豊池)는 1969년도에 만들어졌고 남원군내에서는 가장 수면적이 넓은 저수지다. 남원시내 서쪽 약 9km, 지리산 연봉에 둘러싸인 고지대 저수지다.

1980년대초 유료낚시터로 관리하기위해 양식계가 조직되면서 잉어, 빙어가 방류되어 비교적 자원관리가 잘 이루어졌다. 그러나 몽리면적이 넓어서 가끔 사수면적만 남기고 바닥을 드러내는 어려움도 겪는다.

빙어는 3,4월경 산란을 위해 가장자리로 떼지어 나오며 산란을 마치면 죽게된다.

붕어는 16cm에서 준척, 월척까지 있으나 20cm 전후가 많이 낚이고 잉어는 대형이 많다.

장마철에는 메기도 낚인다.

저수지가 타원형으로 생겼는데 상류쪽 계단식 논둑 일대가 명당터가 된다.

상류에 있는 느티나무 옆 민가에서 민박과 식사가 가능하다.

■ 교통
남원 광한루앞에서 서쪽으로 ㉔번 국도를 타고 8km쯤 달리면 고속도로 밑을 지나면 풍촌리다. 거기서 금풍지가 내려다 보이며 그곳에서 개울을 끼고 좌회전해서 다시 고속도로밑을 통과 1.5km쯤 가면 금풍지 상류다.

■ 명소
□ 광한루(廣寒樓)
조선 세종때 남원출신의 황희(黃喜) 정승이 처음 건립, 정인지(鄭麟趾)가 중수하고 광한루라 이름지었다. 소설 「춘향전」의 무대로도 유명하다.

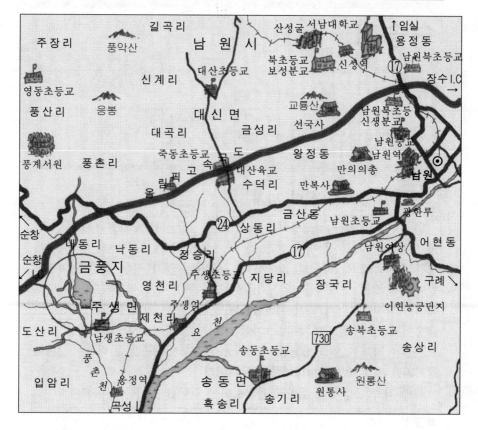

■별미

□한국집

소재지 : 전라북도 전주시 완산구 전동2가

전주시 전북은행 본점옆 전주주유소 건너편에 있는 40년 전통의 전주 비빔밥 전문 식당이다.

콩나물, 청포묵, 찹쌀고추장, 미나리, 시금치, 고사리, 송이버섯, 무채, 애호박볶음, 오이채, 당근채, 호도, 밤, 취, 은행 등 무려 30여 가지의 재료가 들어간다.

그릇 가운데에 계란노른자 지단을 박아 시각적으로 구미를 당기게 한다. 이에 고추장과 참기름을 넣고 다시 불에 데워 나온다. 여기에 '특'을 청하면 육회가 따라나온다. 밑반찬으로 갓김치, 호박무침등이 따른다. 전통 향토음식점으로 지정되어 있다.

수송지

소재지 : 전라북도 남원시 수지면 호곡리
수면적 : 3만 9천평(13ha)

야생종 잉어라 힘이 넘쳐

수송지(水松池)는 남원에서 남쪽으로 약 5km지점 수지면과 송동면 면계 야산 골짜기를 막아서 만든 폭 약 1백m, 길이 약 1km의 좁고 길게 생긴 경치좋고 물 깨끗한 저수지다. 저수지 둘레가 야산 솔밭을 이루고 있어서 물빛도 초록색을 띤다. 1978년도에 저수지가 막아지고 1984년도에 유료낚시터로 관리되기 시작했으며 붕어보다는 잉어가 많이 낚인다.

붕어도 많이 있으며 월척도 가끔 낚이지만 잉어낚시에 더 열을 올리고 있다. 잉어는 평균 50cm에서 60cm급이며 야생종으로 더 큰 잉어도 낚이지만 초심자가 끌어내기에는 무리이다.

제방 좌측 중상류 도로변의 관리소에서 간단한 식사는 맡아준다.

■ 교통

광한루 앞에서 요천을 건너 남서 방향 송동(면소재지)을 향해 730번 지방도로를 3.5km쯤 가면 송북초등교학교를 지나 다리를 건너 좌측의 야산길로 약 2.5km를 달리면 수송지 중상류에 이른다.

수지면과 송동면 면계에 위치하고 있어서 수송지로 부른다.

남원에서는 금풍지와 수송지가 대표적인 낚시터다.

■ 별미

□ 지산정

소재지 : 전라북도 남원시 죽항동

전 화 : 0671-625-2294 (주인 김인석)

남원시내 정화극장 네거리에서 동쪽으로 2백m지점에 있는 한정식 전문식당이다.

밥은 옛날 가마솥에 짓고 밑반찬으로는 게장, 쇠고기 고추볶음, 고추

장아찌, 대구나 민어전, 굴비, 대구알젓, 토하젓, 어리굴젓, 수제비깍두기, 고들빼기김치, 더덕, 미나리, 고사리, 취나물 등 모두 입에 착 달라붙는 맛이다.

계남지(벽남제)

소재지 : 전라북도 장수군 계남면 화은리
수면적 : 6만평(20ha)

무진장고원 북쪽 기슭 420미터의 고지대

계남지(溪南池)는 무·진·장(茂朱, 鎭安, 長水) 고원지대의 준령인 장안산(1,237m) 북쪽 기슭에 들어앉은 계곡저수지다. 저수지가 만들어지기는 20년(1974년도)이 넘었으나 해발 420m의 고지대 저수지라서 냉수성이며 낚시철이 짧아 빛을 보지못하고 있다.

1986년 지방유지가 계남지의 수려한 경관과 풍부한 물에 착안해서 유료낚시터로 개발하며, 잉어 치어를 방류하고 화장실과 쓰레기장 등을 설치하는 등 투자를 했으나 낚시 기간이 짧고 조황에 기복이 심해 결국 폐쇄하고 말았다.

현재 관리하는 이가 없지만 잉어, 메기가 많고 붕어는 낚이면 대어급이다. 겨울에는 빙어도 낚인다.

계절과 현지 사정을 잘 아는 장수, 무주 낚시인들은 때를 맞추어 잉어를 많이 낚으며 밤낚시가 유리하다.

현지 낚시인들은 잉어를 낚으면 현장에서 회를 떠서 먹을 정도로 계남지의 물에 자신이 있다고 한다.

포인트는 제방 좌측 장안리로 들어가는 포장길 중류쪽에 잉어터가 있고, 붕어터는 중상류쪽 개울이 수몰한 잡목터 자리 일대다. 건너편 산밑은 가파른 산으로 접근이 어렵고 수심도 깊다.

계남지에는 가물치가 많다고 하는데 수초가 거의 없는 곳이라 의아스럽다. 결국 가물치는 취재 낚시중 구경하지 못했다.

계남지 상류권에 큰 느티나무가 있는 양지 마을에 민가가 있으나 숙식에 도움이 되지 않는다.

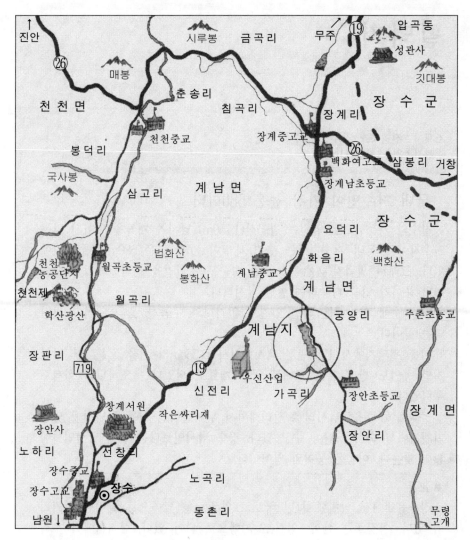

■ 교통

예전에 무주～장수로 들어가려면 전주～진안을 경유하는 길이 가장 빨랐지만 지금은 영동～무주～장계～장수로 이어지는 ⑲번 국도가 남서울터미널에서 장수행 직행버스로 4시간에 달리는 1일 생활권으로 바뀌었다.

계남지는 장계에서 장수방향으로 약3km를 남진하면 계남이다. 계남삼거리에서 좌회전 1km지점 좌측에 벽남정(碧南亭)이 있고 5백m쯤 더가면 벽남지 제방이다.

필덕지

소재지 : 전라북도 장수군 장수읍 대성리
수면적 : 3만 3천평(11ha)

국내 저수면이 가장 높은 580미터

장수의 기둥산으로 일컫는 팔공산(1,150m) 남서쪽 계곡을 막아서 만든 저수지이며 국내 저수지로는 수면 해발이 가장 높은 580m에 들어앉아 있다. 그래서 필덕지(必德池)는 4월 하순부터 입질을 시작해서 7월 중순이면 붕어가 입을 다문다는 별난 낚시터다.

8월하순에 밤낚시를 하면 입질도 없거니와 두툼한 옷을 입어야 견딘다는 곳이다.

이곳 필덕지에서 1985년경 택시운전사가 55cm의 거물급 붕어를 낚았지만 공인도 받지 않고 그대로 곰국 재료로 되었다는 또하나의 화제도 뿌렸었다.

양식계에서 유료낚시터로 관리해와서 낚시철이면 상류 언덕위에 있는 가겟집에서 숙식을 맡아 주고 있다. 장수 낚시인보다는 임실 낚시인들이 많이 찾는다. 어종은 붕어와 잉어이다.

■ 교통

장수읍내에서 남원행 ⑲번 국도로 약 3km를 남쪽으로 달리면 삼거리가 있다. 이정표는 산서·임실(오수)행으로 되어 있다. 삼거리에서 우회전 ⑦⑲번 지방도로의 개정교를 건너 서남쪽으로 내리막길을 꼬불꼬불 약 6km를 가면 대성리이며 대성초등교학교가 있다. 학교를 지나치면서 우측으로 작은 언덕길로 올라서면 5백m쯤 들어간 곳에서 필덕지가 계곡 속에 내려다 보인다.

대성초등학교 그대로 약 1km쯤 내려가면 우측 계곡사이에 제방이 있다. 하류권은 제방에서 올라서게 된다. 제방쪽에는 차량진입을 할 수 없다. 일반교통편은 장수~산서~오수행 일반버스로 대성리초등학교 앞에

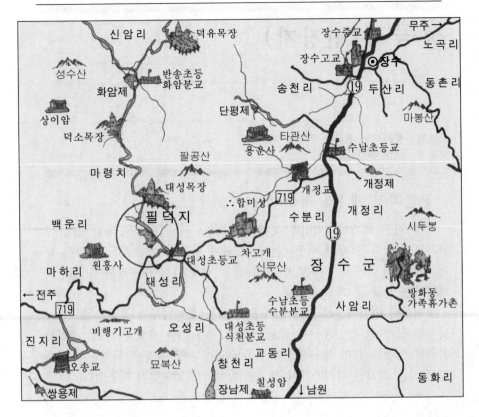

서 하차하면 된다.

■ 명소
　□ 팔성약수
　소재지 : 전라북도 장수군 장수읍 용계리 안양마을
　안양(安楊) 마을은 버드나무꽃이 떨어진 땅이라는 양화낙지(楊花落地) 형국의 터이다. 이 마을이 장수촌이 된 이유를 '팔공산 동삼 썩은 물' 때문이라고 입을 모으는데, 그 팔성약수는 팔공산의 동삼뿐만 아니라 귀한 약초들을 우려내면서 마을로 흘러든다. 장수에 와서 뒷맛이 달콤하고 싱겁지 않으면서 양이나 온도가 변하지 않는 팔성약수와 오미자차를 마시지 않으면 장수에 간 것이 아니라고 할 정도이다.

정곡지(연장지)

소재지 : 전라북도 진안군 진안읍 정곡리
수면적 : 3만8천평(12ha)

진안지역 제1의 저수지

평지 평균 해발이 4백m의 고원지대인 진안군 진안읍은 해발 3백m에 위치하고 있다. 그래서 이곳에는 논이 많지 않고 고랭지 작물, 인삼을 많이 재배하게 되므로 저수지가 많지 않고 정곡지(일명 연장지)가 진안지역에서는 제일 큰 저수지다.

고원지대 영향때문에 저수지 수온이 차서 붕어낚시는 잘 안되고 잉어낚시를 많이 한다. 1980년대 중반 정곡지(井谷池)를 유료낚시터로 관리하기위해 잉어를 많이 방류했으나 유료낚시터 운영이 잘 안되었는데 이유는 잉어는 많지만 낚시기간이 짧고 조황이 들쭉날쭉했기 때문이다.

그후 정곡지의 잉어낚시는 전주에까지 알려질 정도로 유명해져서 서울에서 찾아오기까지 한다.

계곡 저수지라서 앉을 자리는 많지 않으며 제방 우측 도로변과 좌측 산 밑이 명당터로 꼽힌다.

■교통

전주에서 진안행 ㉖번 국도로 모래재 터널을 지나면 거기서부터 내리막길이다. 모래재에서 진안까지 약 15km, 진안 못가서 12km지점에 연장이란 마을에서 연장교를 건너면 좌측으로 들어서는 길이 있다. 약 1km를 개울길따라 들어가면 제방에 이른다. 큰 길에서 제방이 보인다.

■명소
□ 마이산

진안에서 남서쪽으로 약 2.5km를 들어가면 마이산 주차장이다. 거기서 계단과 산길을 걸어 들어가면 마이산 도립공원이며 암바위와 숫바위사이로 들어선다. 마이산 뒷편에 약수가 솟아오르는 화암굴이 있고 다시 은

수사를 지나쳐 내려가면 유명한 탑사에 이른다.

　1885년 이갑룡(李甲龍) 처사(處士)가 25세에 마이산에 들어가 수도하던 중 신의 계시를 받고 쌓기 시작했다는 이 석탑은 10년에 걸쳐 전국에서 돌 하나씩을 샀나가 쌓았다는 것인데 아무리 폭풍이 거세게 불어도 쓰러지지 않는 신비의 석탑이라고 알려져 있다.

강천호(강천지·팔덕지)

소재지 : 전라북도 순창군 팔덕면 청계리
수면적 : 4만 1천평(13.4ha)

관광지로 더 유명한 순창군립공원

강천호(강천지, 팔덕지)는 낚시터로 보다는 관광지로 더 유명하다. 청계리라는 이름 그대로 동쪽에는 무이산, 서쪽에는 광덕산(일명 강천산), 가파른 병풍바위사이에 들어앉은 계곡을 막은 저수지다.

마치 절벽사이를 흐르는 강처럼 곧고 길게 뻗어 있다. 저수지 폭은 150~200m, 길이는 약 1.2km로 맑고 푸른 물이 매우 인상적이다.

강천호(剛泉湖)는 상류에서 왼쪽(서쪽)으로 휘어지는데 그곳이 유명한 강천사 계곡이며 국내에서 처음으로 순창 군립공원으로 지정된 명승지다.

강천호는 제방의 높이가 20m, 길이가 149m로 수심이 깊고 상류 강천 계곡에서 끊임없이 계류가 흘러들어 바닥을 드러내지 않는다. 그래서 1960년도에 만들어졌고 물은 쉽게 마르지 않아서 숭어와 잉어가 많다. 그러나 워낙 가팔라서 갈수기가 아니면 낚시가 어렵다.

낚시보다는 호수를 전망하는 것으로도 가슴이 맑아지는 곳이다.

■교통

순창에서는 읍내에서 담양행 ㉔번 국도로 2.5 km쯤 가면 백산삼거리다. 거기서 우회전 739번 지방도로를 5km 쯤 북서진하면 제방이고 약 1km를 더 올라가면 강천사입구 삼거리다.

■명소

□ 강천사 계곡

강천사는 강천호 상류 삼거리에서 약 2.7km, 강천산(광덕산 : 583m) 중턱에 이르면 높은 산은 아니지만 강천사에 이르는 계곡은 호남의 금강산으로 일컬을 만큼 기암절벽으로 된 병풍이 장관을 이룬다.

계곡 길로 들어서면 절벽 숲이 어우러져 있는 곳에 광덕정이 있다.

광천사까지는 도보로 20여분길 강천사위에 강천계곡을 가로지른 현수
교가 있다. 50m 아래로 내려다 보이는 담소(潭沼)와 계곡이 아찔하게 보
이면서 절경은 이루 말할 수 없이 아름답다.

　계곡 밑바닥은 대부분 암반과 자갈로 이루어져 개울물이 항상 차갑고
투명한 것이 특징이다. 오르면 오를수록 물가로 솟구쳐오른 기암과 울창
한 숲이 장관이다.

　강천사는 지금은 비록 작은 암자로 계곡의 뛰어난 경관에 파묻히기 쉽

지만, 신라 진성여왕(887)때 지은 천년 고찰이지만 많은 전화로 그 옛 모습은 사라지고 강천문이라 새겨진 일주문만이 당시를 짐작케 할 뿐이다.

순창에서 매 시간마다 버스가 있다.

□ 산동리 남근석(男根石)

순창읍내에서 강천호길로 들어서서 약 6.5km를 가면 팔덕면소재지다. 거기서 좌측인 서쪽으로 약 1.2km를 들어가면 산동리이며 노송 숲 아래에 사람의 키 정도의 남근석이 세워져 있다.

마치 손으로 깎아 세운듯한 자연석이다. 이 남근석은 조선 초기 어느 여장사가 두 개의 남근석을 치마에 싸가지고 오다가 너무 무거워 버리고 간 것이라 하는데 또하나는 산동리 남쪽 1km에 있는 덕천리에 있다.

이 남근석은 크기가 한아름이나 되며 자식을 얻고자하는 여자가 한밤중에 찾아와서 정성껏 안으면 틀림없이 아들을 낳는다는 신통력을 갖고 있다고 전해지며 지방민속자료 제14호로 지정되었고, 덕천리 남근석은 지방민속자료 제15호이다.

■ 별미

□ 우정식당

소재지 : 전라북도 순창군 순창읍 순화리

전　화 : 0674-53-2627 (주인 박이영)

순창읍내 사거리 축협옆에 있는 한정식 전문식당이다.

순창고추장의 고장 순창에서도 맛과 음식값이 싸서 소문난 집이다. 순창고추장, 무장아찌 등 한식고유의 밑반찬에 돼지고기구이, 쇠고기구이, 김치찌개 등 20여가지가 상에 오른다.

□ 남원집

소재지 : 전라북도 순창군 순창읍 순화리

전　화 : 0674-53-2376 (주인 강경옥)

전 순창농협 앞골목에 있는 한정식 전문식당이다.

순창이 고추장의 고장인만큼 한정식이 고추장 장아찌류이며 마늘장아찌, 무장아찌, 감장아찌, 더덕장아찌 거기에 게장, 취나물, 돼지고기구이, 죽순, 자반 등 25가지의 찬이 상에 오른다.

물고기는 담배를 싫어한다.

미국의 어느 시골 호수에서 있었던 실화다. 호수에서 민물고기(메기, 뱀장어 기타 어종) 주낙업을 주 생업으로 하는 어촌이 있었다. 저녁에 주낙을 설치하고 아침에 걷는 방법으로 낚은 고기는 이웃 큰 마을로 팔려나간다.

그런데 그중 한 어부는 다른 사람보다 어획이 늘 시원치 않다. 다른 어부들과 그 어부는 똑같은 낚시방법, 같은 미끼, 같은 구역내에 주낙을 설치하는 데도 그 사람이 어획량이 반도 안됐다. 그래서 처음에는 재수가 없는 사람이라고 놀렸지만 늘 똑같이 어획량이 신통치 않았다. 동네 어부들은 이상하다고 생각해서 어업전문가에게 의논을 해보라고 했고, 어느날 그는 어업 전문가를 만났다. 여러가지 의문점을 물어 보고 확인했으나 낚시방법이 다른 어부와 전혀 다른점을 발견할 수 없었다. 전문가와 면담하고 있을때 어업전문가는 그 어부가 지독한 골초라는 사실을 알았다. 그 어부는 입에서 담배를 떼지 않았다. 어상 현상에 나가서도 담배를 입에 물고 있다.

가장 중요한 사실은 미끼를 꿸때도 담배를 연신 피워댄다는 것이다. 어업전문가는 그에게 고기잡이를 나갈 때 담배를 피우지 말라고 했다. 어부는 어업전문가의 말을 따라 담배 피우고 싶은 마음을 참고, 작업을 할 때 담배를 피우지 않았고 어업전문가가 일러준대로 담배진이 묻은 손을 깨끗이 씻고 미끼도 달았다.

결과는 어획량이 다른 사람과 같았다. 담배진이 묻은 손으로 미끼를 만지고 미끼를 낚시에 꿨으니 후각이 예민한 메기 뱀장어 등 물고기는 담배진 묻은 미끼를 좋아할 턱이 없었던 것이다.

우리 주변에 담배를 피우면서 떡밥 낚시를 하는 이가 많다. 붕어 입질이 없다고 담배를 더 많이 피운다. 담배를 피우면 손에 담배진이 묻기 마련이다. 그 담배진 묻은 손으로 떡밥을 만지면 붕어가 그 떡밥을 좋아하겠는가? 한번 생각해볼 일이다. 붕어가 담배를 피운다면? 담배진 묻은 떡밥에 별 신경을 쓰지 않겠지만 말이다.

동산지

소재지 : 전라북도 순창군 복흥면 동산리
수면적 : 7만 5천평(25ha)

갈대 수초로 분위기가 만점

1959년도에 만들어져 노령기에 접어든 동산지(東山池)는 내장산 산맥 뒷면(남쪽) 해발 3백m의 고원지대 저수지이면서 평지 저수지와 같이 느껴진다. 저수지 상하류에 갈대 따위 수초가 둘러 있어서 고원지대 저수지같은 분위기는 전혀 느껴지지 않는다.

동산지 동북쪽 3km 지점에는 서마지(3만 5천평), 서북쪽에는 대가지(4만 9천평)가 있으니 그 두 저수지는 계곡속에 있다.

교통편은 좋지만 워낙 오지에 들어앉아 있어서 찾는 이가 별로 없으나 저수지가 바닥을 쉽게 드러내지 않는 곳이라서 특대형 붕어도 있을 법하다.

어종은 붕어, 메기가 주종이며 피라미도 많다. 낮낚시보다는 밤낚시를 해야할 곳이다

동산지와는 200m 거리고 인접해 있는 동산리는 정주~내장산~추령~복흥~순창을 잇는 792번 도로(포장중) 통과지점이므로 마을 가겟집이 있어 숙식에 어려움은 없다.

■ 교통

호남 고속도로 정읍IC를 벗어나 29번 국도로 정주시내를 거쳐 내장사 터미널까지 들어간다. 터미널 좌측길로 792번 지방도로 들어서면 추령(秋嶺)재를 넘어서 내리막길 약 3km 지점이 동산지이며 전경이 내려다 보인다.

순창에서는 백산, 팔덕, 답동, 복흥을 경유하게 되는데 복흥에서 동산리까지 2.5km 거리이다.

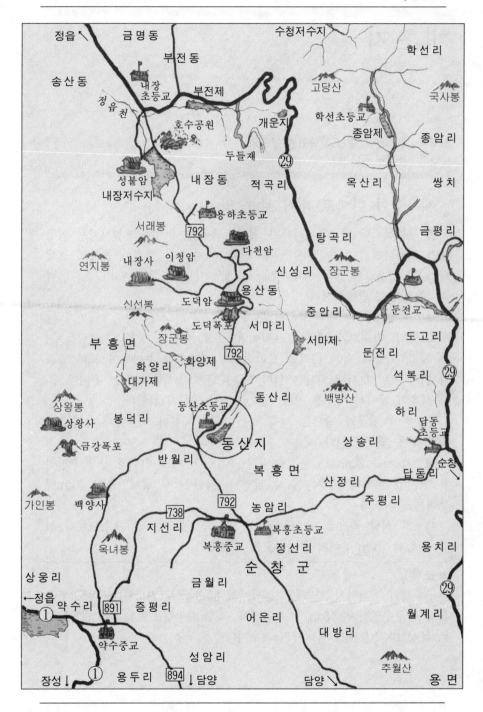

개초지

소재지 : 전라남도 해남군 화원면 장춘리
수면적 : 18만평(60.5ha)

새우잡아 미끼로 대어 낚는 맛

60년전 섬길이 약 2.5km의 증도(甑島) 좌우를 육지로 연결시키는 방조제가 생겨나면서 길이 약 4km, 폭 1.5km의 천수만 갯벌이 논으로 변했다. 이곳 개초들에 물을 대주기위해서 개초지(1호지)와 산수지(2호지), 석호지(3호지)가 만들어졌다.

개초지(開草池)는 월척 낚시터로 꽤 오래전부터 서울 낚시계에까지 알려져 있다. 저수지가 예전에 갯벌이였으므로 수심이 얕고 수초(말풀 등)가 많다. 가뭄에 쉽게 바닥을 드러내지만 갯벌속에 붕어들이 묻혀 있다가 비가 오면 다시 살아나는 일이 되풀이되어 월척이 많다는 곳이다. 또한 새우가 많아서 새우를 잡아 미끼로 쓰면 대어가 낚인다.

도로변이 상류가 되므로 좌측 둑을 타고 중류나 하류쪽에서 수초가 뚫린 곳을 찾으면 된다.

개초지 서쪽 2km에 있는 2호지(산수지)보다는 3호지(석호지)가 수면적은 작지만 붕어의 씨알은 굵게 낚인다. 매년 광주 낚시인들이 40cm급 붕어를 끌어낸다.

개초지 서남 쪽으로 약 1.5km지점 바다쪽으로 나가면 개초수로가 있다. 떡밥에 20cm 붕어가 물려나오는 수로다.

■ 교통

광주에서 해남까지 간 다음, 해남에서 ⑱번 국도(진도행)로 진도 연육교입구 우수영까지 34km, 우수영에서 북쪽 화원행으로 801번 지방도로로 북상하여 3.5km를 들어가면 개초지다.

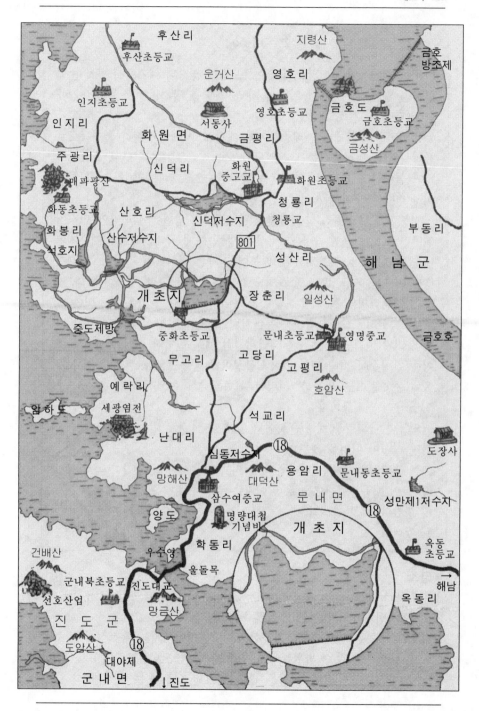

떡붕어

떡붕어라는 이름의 물고기가 어류도감에 있으나 여기에서 말하는 떡붕어는 일본에서 이식한 일본의 '헤라' 붕어를 말하며 아직 어류도감에는 없다.

1926년경 일본에서 재래종붕어를 개량해서 '헤라'붕어라는 이름으로 불리워왔다. 일본에서는 낚시인구가 폭발적으로 늘어나면서 유료낚시터가 늘어나고 유료낚시터에서는 낚시어종으로 떡붕어(헤라)가 방류되어왔으며 '헤라'가 낚시어종으로 정착했다.

떡붕어가 우리나라에 도입된 것은 1972년, 광탄에서 민간인 담수어 연구가 고 김진근씨(약사)가 이식에 성공, 현재 국내 3백여개 저수지에 내수면 자원으로 방류되었다. 떡붕어는 자생 번식력이 강하고 특히 성장이 빠르다. 평균 3년이면 준척으로 자라고 4,5년이면 월척이 된다. 떡붕어는 피라미와 붕어의 교배로 이루어진 어종이며 같은 주층어(宙層魚)에 속한다. 그래서 재래종 붕어처럼 물밑 바닥에 살지않고 피라미처럼 무리져 떠다닌다. 동작은 피라미처럼 매우 민첩한 것이 특징이며 붕어는 잡식성에 비해 떡붕어는 식물성이라 플랭크톤을 주로 먹으며 겨울에는 지렁이도 먹는다. 지렁이 미끼에 낚이는 떡붕어는 30cm에서 40cm급의 대형급이다.

떡붕어는 외형상 재래종 붕어와 닮은 꼴을 하고 있다. 특히 월척급이 되면 식별이 어려울 정도다.

떡붕어 식별 방법은 머리에서 등 지느러미 사이 등의 각이 높게(삼각형) 보이고 몸통에서 꼬리로 이어지는 부분이 재래종 붕어보다 좁고 길게 생겼다. 마치 밥주걱모양을 하고 있어서 '헤라(주걱)'라고 부르고 있는 것이다.

■ 명소

□ 덕정마을 샘물

소재지 : 전라남도 해남군 계곡면 덕정리

덕정마을 뒷편 멀리 영암 월출산의 정기가 이어지는 흑석산이 병풍을 두르고 있고, 그 깊은 바위틈에서 나오는 물이 고이는 '큰(德) 솥(鼎)마을'인 덕정리는 '큰 솥에 구멍을 많이 뚫으면 안된다'는 묵계에 의해 우물이 하나밖에 없다.

이 샘물은 미끄러지듯 찰진 기운이 나는데 바로 이 샘물에서 진양주의 독특한 맛이 기인한다. 이 물로 빚은 진양주는 맛이 달착지근하면서 한없이 당기고, 쉽게 취하지 않으면서도 취기가 진득하니 오랫동안 남아 있어 뒤끝이 말끔해 애주가들이 많이 찾는다.

현재 진양주를 제일 잘 빚는 이가 덕정리의 최옥림씨이다. 그러나 최근 영암군 삼호면과 해남군 계곡이면 사이를 막아 갯물 드나듦이 끊겨 샘물맛이 변할까 걱정이다.

■별미

□ 천일식당

소재지 : 전라남도 해남군 해남읍 읍내리

전 화 : 0634-536-4001 (주인 오현화)

해남읍내 홍교부근이나 중앙극장앞에서 누구에게 물어봐도 쉽게 찾을 수 있다.

큰길에서 좌측 시장 개울 쪽으로 들어서면 있는 해남 명물 한정식 집으로 3대째 70년 전통을 이어온 유서깊은 음식점이다.

근년에 이 집도 시대의 흐름에 어쩔수 없이 현대화되는 경향은 있지만 해남의 향토 미각은 변함이 없다.

초행자도 교자상에 백지를 깔고 30여가지의 음식을 올려놓은 것을 보면 누구든지 눈이 휘둥그레진다.

계절에 따라 상에 오르는 음식이 다르지만 연한 갈비구이를 필두로 생선회, 생선찌개, 각종 나물, 갖가지 젓갈류, 참게장 등 어느 것이든 입을 즐겁게 해준다.

학파1호지

소재지 : 전라남도 영암군 서호면 엄길리
수면적 : 31만 1천평(10ha)

간척지 상류에 네모꼴의 둑

60여년 전 영암 읍내까지 바닷물이 밀려들 때 지방유지가 성재리(무수동)와 군서면 양장리(신리동)에 약 1km 길이의 방조제를 막으면서 길이 약 5km, 폭 평균 18.8km의 거대한 간척지가 생겨났다. 이 간척지에 물을 대주기 위해서 간척지 상류에 네모꼴 둑을 쌓아 만든 것이 학파1호지(鶴坡一號池)다. 현지에서는 1호지로 통한다.

학파1호지는 삼면이 제방이며 갯골이 있었던 골은 뻘이 누적되어 많이 얕아지기는 했으나 그래도 갯골 쪽만 다소 깊을 뿐 전반적으로 수심이 얕다.

학파1호지 상류쪽은 영암~군서(동구림지)~서호면(엄길리)으로 통하는 길이 3백 여m의 대교가 호수를 가로지르고 있다.

학파1호지는 영암군내에서 제일 큰 규모이며 붕어가 많기로 이름 나 있다. 여름보다는 봄, 가을, 초겨울에 입질이 좋으며 씨알도 크다. 진입은 서호면소재지에서 진입하면 된다.

■ 교통

광주·나주를 거쳐 ⑬번 국도로 영암에서 819번 지방도로로 일단 도갑사 입구에 있는 동구림리로 들어간다. 동구림리에서 약 3km를 더가면 용산리 삼거리가 나온다. 거기서 직진하면 독천리(목포행 기점)이고, 우회전하면 학파대교(서호교)가 나온다. 다리를 건너면 몽해마을이고 학파1호지 상류가 된다.

■ 명소

□ 월출산과 도갑사

월출산은 소백산맥이 서남쪽으로 내리 달려 오다가 서남 해안에 이르

러 방파제 구실을 맡은 듯이 우뚝 멈추면서 빚은 명산이다. 「택리지(擇
里志)」에는 '돌끝이 뾰족뾰족하여 날아 움직이는 듯하다'고 월출산을 그
리고 있는데 이처럼 월출산에는 크고 작은, 굵고 가느다란 돌봉우리들이
수없이 있어 '작은 금강산'이라 불릴 정도로 풍광이 빼어나다.

　이 산 서님쪽 기슭에는 신라시대에 도선이 지었다는 도갑사(道岬寺)가
있다. 하지만 실제로 누가 언제 지었는지 정확치 않고, 조선 세조때 이
고을의 수미가 중건했다고 한다. 이곳에는 국보 제50호로 지정된 조선
성종 4년(1473)에 지은 해탈문과 암자 미륵암에 있는 여래 돌좌상을 눈여
겨 볼만하다.

내봉지

소재지 : 전라남도 고흥군 도덕면 봉덕리
수면적 : 12만평(40ha)

항상 일정한 저수위에 짭짤한 재미

내봉지(內鳳池)는 1978년도에 만들어진 분매도 간척지 양수저수지다.

간척지 이전 분매도와 봉덕리 내봉마을사이 좌·우로 양녘에 둑을 쌓아올려 네모꼴의 저수지를 만들었다. 그러니까 서북쪽은 내봉마을 산이고 동남쪽은 분매도였던 산 동북쪽과 남서쪽은 5백m와 7백m의 둑이 막아진 것이다. 그러나 예전에는 갯벌바닥이므로 저수지는 편편하며 수심이 일정하게 얕다.

분매수로에서 양수로 저수했다가 농업용수로 사용되기 때문에 저수위는 항상 일정 수준을 유지하고 있다. 봄의 만수위때는 수심이 2m정도로 깊지만 평상시는 1.5m수위를 이룬다.

어종은 붕어, 피라미, 망둥어(현지에서는 문저리라고 부른다) 등이며 붕어의 씨알은 10cm에서 월척까지 불규칙하게 낚인다.

1992년도부터 1994년도 봄까지 서울에서 낚시회 버스가 2, 3대씩 원정을 올만큼 인기가 있는 낚시터다.

수심은 동쪽 둑 양수장이 있는 쪽이 약2m로 깊어서 밤낚시를 많이 한다. 미끼는 떡밥, 지렁이 모두 잘 듣는다.

마을이 있으나 숙식은 어렵고 대신 텐트를 설치할 장소는 많다.

■ 교통

고흥까지는 광주에서 ⑮, ㉗번 국도로 이용해서 주암호를 경유 벌교에서 진입한다. 또는 광주에서 능주~이양~보성~조성~대서~유둔~고흥으로 들어가는 ㉙, ②번 국도 길도 있다.

고흥에서 도양동행 ㉗번 국도로 도덕면소재지까지 약 12km 도덕으로 들어가기전 도덕지 상류쪽으로 좌회전 2km를 들어가면 내봉마을 뒤에

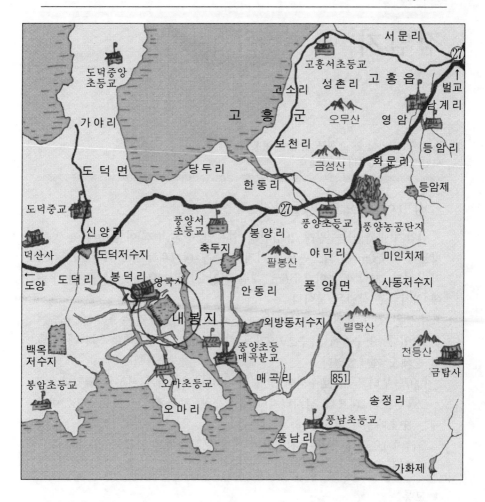

내봉지가 있다.

■ 별미

□ 평화식당

소재지 : 전라남도 고흥군 고흥읍 내리

전   화 : 0666-35-2358 (주인 김금옥)

고흥군청앞에 있는 한정식 전문식당으로 30년 역사를 이어오고 있다.

전어의 배를 갈라 창자만을 빼내어 잘 삭힌 다음 맵게 양념을 한 돌배젓, 진석화젓 그 지방에서만 맛볼 수 있는 진귀한 젓갈류와 함께 푸짐한 밑반찬이 상에 오른다.

점암지

소재지 : 전라남도 고흥군 점암면 연봉리
수면적 : 13만 6천평(54.4ha)

삼면이 둑으로 만들어진 각 못

점암지(占岩池)는 원래 1931년경 일본인 중본(中本)이란 사람이 용두 방조제(약 750m)를 막으면서 간척지에 물을 대기위해 만들어진 직사각형 각 못이다. 제방의 높이가 5.6m, 제방 연장 길이 2,196m로 남쪽면만 구릉에 의지했고 삼면은 둑이다.

수심은 60년 세월로 하상이 높아져 평균 1.5~2m, 깊은 곳은 2.5m되는 곳도 있다. 저수지에는 수초가 가득 차있는데 7, 8년전에는 일본에 수출할 순채도 재배했었다.

1997년부터 둑이 보수되어 상류 쪽에서 낚시하기가 편하게 되었다.

고흥반도의 대표적 낚시터지만 봄, 가을, 겨울에만 낚시를 하고 여름에는 수초때문에 낚시를 하지 않는다.

둑(북쪽)으로 승용차는 진입하며 제방 모퉁이에서 차를 돌리면 된다.

미끼는 떡밥이 주로 쓰인다.

■ 교통

벌교에서 ⑮⑰번 국도가 한데 묶여 고흥반도로 들어서서 동강(검문소)~남양~과역의 순이며 벌교에서 과역까지 ⑮번 국도로 약 26km, 과역시내에서 5백m쯤 남쪽 우측에 있다. 도로변에서 수면이 보인다.

저수지에는 민가가 없으며 과역에 장급여관과 식당이 많다.

■ 별미

□ 버드나무집

소재지 : 전라남도 광양군 광양읍 칠성리

전 화 : 0667-762-7551 (주인 김영조)

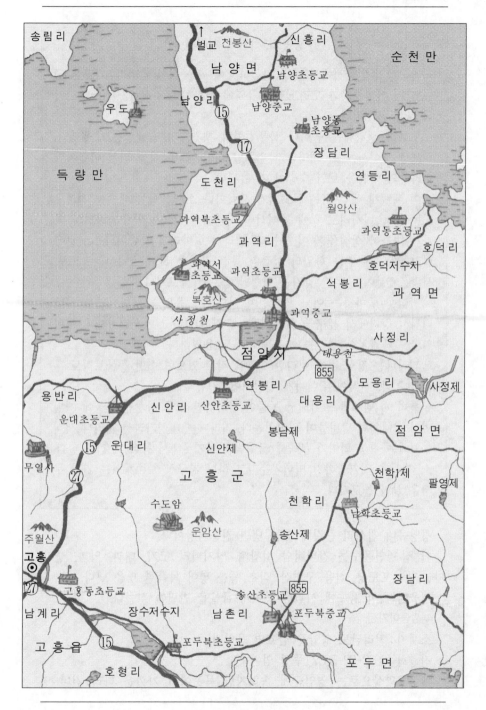

공포의 식인어 피라냐

지구상의 민물계에서 가장 위험하고 무서운 식인어 피라냐(Piranha)는 남미 아마존강과 오리노코강 유역에 서식하는 전장 12~40cm 크기의 보통 물고기다.

오히려 생김새는 돔이나 블루길처럼 생겼으며 몸색깔등도 예쁘다. 겉으로 보아서는 이 피라냐가 엄청난 식인어라는 것을 믿기 어렵지만 피라냐의 이빨을 보면 수긍이 가게 된다.

이 예쁘게 생긴 작은 물고기가 사람이나 소, 말 등이 세수를 하려고 또는 물을 마시려고 강에 들어서면 어디서 나타나는지 수백마리의 떼가 덤벼들어 살점을 물어 뜯는다. 피라냐 한마리가 사람이나 소, 말에 달려들어 뜯어먹는 한입의 살점이 동전 크기만 하며 소나 말은 15분, 사람은 5분이면 뼈만 남기는 엄청난 공포의 물고기다.

탐험을 좋아하는 어느 영국인이 아마존강 유역을 탐험하면서 하도 더워서 강가에서 세수를 했다. 그는 순간 악! 하고 거꾸러졌는데 이미 얼굴은 해골로 변했다는 얘기는 너무도 유명하다.

피라냐는 강한 턱에 예리한 이빨을 갖고 있으며 어떤 동물보다도 후각과 청각, 시각이 뛰어나게 발달되어 있다.

특히 피 냄새를 좋아해서 동물이 나타나면 그중 상처난 동물에 제일 먼저 벌떼처럼 덤벼들어 먹어치운다. 피라냐는 대식가라서 피라냐 서식 수역에는 항상 먹이가 부족해 굶주림을 참지못해서 공식(共食)도 한다. 소, 말등은 겉가죽까지 먹어치운다고 하니 지구상에 존재하는 가장 무서운 살인 물고기다.

광양읍내 칠성리 큰길에 있는 냉면 전문식당이다.

이 집 냉면육수는 갈비뼈와 쇠잡뼈, 양지머리 고기, 대파, 양파, 생강, 마늘, 무, 포도당, 식용 구연산, 식초 등을 넣어 독특한 맛을 낸다.

겨울에는 이 육수에 시원한 동치미 국물을 반반씩 섞는다.

□ 쌍둥이가든

소재지 : 전라남도 영암군 삼호면 용암리

전　화 : 0693-72-5637 (주인 임원주)

행정구역상으로는 영암군에 속하지만 목포에서 가까운 다리 건너 영산강 우체국 아래에 있는 영암의 명물 짱뚱어탕 전문식당이다.

짱뚱어는 물 빠진 갯벌에 뛰어 다니는 망둥이보다 못생긴 바닷물고기다. 예전에는 영암 갯펄에서 많이 잡혀 영암 짱뚱어라고 이름이 붙여질 정도였는데 지금은 영산강 하구언으로 갯벌이 간척화되어 짱뚱어는 목포 근처로 밀려 내려갔다. 원래 짱뚱어탕은 영암의 명물이었는데 갯벌이 없어지면서 영암 짱뚱어탕이 목포 근처에서 인기를 얻고 있는 것이다.

짱뚱어를 보통 낚시로 잡아 푹 삶아 채에 걸러 들깨가루와 함께 끓인 뒤 쑥갓, 미나리, 된장을 풀고 다시 끓인다. 텁텁하지만 비리지않은 구수한 맛이 술국이나 해장국으로 인기가 좋다.

□ 성화식당

소재지 : 전라남도 순천시 장천동

전　화 : 0661-743-3544 (주인 이옥자)

순천시 장천동 성가로병원 건너편 보문각호텔옆에 있는 선짓국과 추어탕 전문식당이다. 이집 선짓국은 기름기가 끼지않는 맑은 국물이 특징이며 숙취를 풀어주는 시원한 맛이 일품이다.

추어탕도 전국에 내놓아도 자신이 있다는 독특한 맛이다.

□ 우리정

소재지 : 전라남도 순천시 저전동

전　화 : 0661-53-5555 (주인 장경자)

순천시내 남문다리에서 남교 오거리쪽으로 1백m 내려가면 있는 한정식 전문식당이다.

각종 젓갈류, 갓김치, 고들빼기김치 등 전라도 음식의 진수를 맛볼 수 있는 밑반찬이 모두 입에 붙는다. 특히 갈비찜에 토하젓을 곁들이는 맛은 별미이다.

경천호

소재지 : 경상북도 문경시 동로면 마광리
수면적 : 48만평(160ha)

문경 주흘산과 문수봉에서 발원하는

경천호는 1986년도에 만들어진 농업용수지로서 태백산맥 준령 문수봉 (1,162m)이 문경 주흘산(새재)으로 이어진 계곡에서 발원한 금천 상류에 제방을 쌓아 만든 큰 호수다. 협곡의 개울을 막은 저수지라서 작은 댐으로 생각하면 된다.

저수지는 개울이지만 개울을 끼고 있던 부락이 수몰됐기 때문에 집터, 밭, 논터가 많아서 좋은 낚시터 구실을 해주고 있다.

이미 경천호가 만들어지고 이듬해인 1987년부터 씨알이 굵은 붕어가 낚이기 시작했고 뒤이어 가두리가 설치되면서 향어도 많이 낚인다.

경천호는 예전 금천 큰 개울이었고 낙동강의 지류였으므로 강고기 잉어등도 풍부하여 서식 어종도 다양하다.

낚시터는 수위에 따라 달라지게 되지만 상류는 수평초등교학교앞에서 최상류 건송교, 중류는 큰말·돌모리·몽고지마을 일대, 하류는 음지너뱅이와 양지너뱅이 등으로 대별된다.

상류 중류쪽은 좌·우만 승용차로 접근할 수 있으며 앉을 자리도 편한 곳이 많이 있으나 하류쪽은 좌측만 승용차가 지나갈 수 있고 이나마 경사지가 많아서 앉기가 편치 않다. 가두리가 설치되었던 하류 부근은 도로 밑으로 물이 빠졌을때 들어설 자리가 몇 개소 있다.

경천호는 제방에서 최상류 건송교까지 물길 직선거리로 약 3.5km, 넓은 호면폭은 약 8백m로서 평균 5백m 폭이다.

수면 해발 240m의 고지에 들어앉아 있어서 산란은 5월 초순경에 이루어지고 밤낚시가 잘 된다.

■ **교통**

③번 국도로 문경(점촌)까지 들어간다. 문경까지는 죽안지 교통을 참조하면 되고, 문경에서 ㉞번 국도로 경북선 철도 산양역이 있는 산양삼거리에서 북쪽으로 좌회전 975번 지방도로를 7km쯤 개울길 따라 북진하면 산북번소새지다. 신북에서 1.2km쯤 가다가 대하삼거리가 있는 곳에서 우측으로 금천내를 따라 7km쯤 들어가면 제방이다. 계속 경천호를 지나들어가면 동로(면소재지)로 들어가는 길이며 경천호 상류까지 이어진다.

경천호는 낚시터뿐만 아니라 관광지로 개발하여 제방밑에는 공원으로 꾸며져 있다. 승용차로 호반길을 드라이브하는 것도 상쾌하다.

죽안지

소재지 : 경상북도 예천군 유천면 죽안리
수면적 : 5만 6천 5백평(18.8ha)

수향 예천의 대표적인 낚시터

1967년도에 만들어진 분지형 저수지다. 붕어의 씨알이 굵고 낚시가 잘 된다고 해서 예천의 대표적인 낚시터로 꼽혀 왔다.

죽안지는 제방의 높이가 20여m나 되게 높게 쌓아져서 수심이 깊은 곳은 15m나 되는 곳도 있다. 그래서 1988년경부터 향어 가두리가 설치되기도 했다.

죽안지는 중심부는 깊지만 가장자리쪽은 낚시하기 적당한 수심을 유지하고 있어서 봄·가을은 수초낚시, 여름에는 깊은 쪽 수심에서 씨알이 굵게 낚인다.

어종은 붕어와 잉어, 가물치로 예전에는 가두리에서 빠져나온 향어, 비단잉어도 많이 낚였으나 가두리가 철수되고부터는 향어와 비단잉어의 입질이 뜸해졌다.

예천은 읍내를 중심으로 동쪽에서 남쪽으로 내성강, 그리고 예천시내를 한천이 흘러 낙동강으로 합류되는 수향이다. 그래서 예천군내에는 저수지가 많지않다. 죽안지와 북쪽에 있는 용문지(4만 4천평)가 있고, 죽안지 북쪽 국사봉(727m) 뒤 문경군 동로면에 경천호(48만평)가 있다.

■ 교통

문경(점촌)까지는 중부고속도로 일죽IC~장호원~충주, 충주에서 ③번 국도로 수안보~문경새재를 거치는 도로와, 경부고속도로에서 김천IC와 상주~점촌을 거치는 ③번 국도 등 여러 코스가 있다.

문경(점촌)에서 예천을 잇는 ㉞번 국도로 산양(면소재지) 삼거리에 이르러 ㉞번 국도로 계속 12km를 가면 유천 삼거리(매산리)다. 거기서 북쪽으로 5km를 가면 화남초등교학교앞에서 죽안지 제방이 보인다.

■명소
□ 주흘산 새재 관문

수안보에서 ③번 국도를 타고 언덕길로 올라서 이화령을 넘어서야 문경~점촌에 이르게 된다. 새재는 이화령가기전 국도에서 좌로 갈려 들어가는 옛길로 새재를 넘으면 문경이다. 새재(鳥嶺) 관문은 제1관문 주흘관, 제2관문 조곡관, 제3관문 조령관 등 셋이 있는데 수안보쪽에서 들어서면 제3관문(조령관)에서부터 시작, 내리막길로 중간쯤에 제2관문(조곡관)이 있고 문경쪽에 제1관문(주흘관)이 있다.

조령관문을 안고 있는 주흘산(1,170m)은 고구려와 신라의 경계를 이루던 산이며 왜적의 침입을 막는 천험(天險)의 요새지로 조선 숙종34년(1708년)에 관문과 성벽이 축조되었다고 한다.

창평지

소재지 : 경상북도 봉화군 봉성면 창평리
수면적 : 3만 3천 4백평(11.1ha)

감자미끼에 통나무같은 잉어가 낚여

태백산맥에 걸쳐 있는 문수산(1,205m)계곡에 높이 18m의 제방을 쌓아서 만든 계곡저수지다. 수면 해발도 3백m의 높은 곳에 들어앉아 여러 줄기의 계곡물이 흘러들고 있어서 좀처럼 저수지 바닥을 드러내는 일이 없다. 그래서 가끔 40cm급의 대형 월척도 낚이는 곳이다.

물이 차고 깨끗해서 마리수 낚시보다는 씨알 위주의 낚시터다. 낚시의 적기는 4월말에서 5월초 사이 산란기 낚시와 모내기물을 빼고난 후의 밤낚시다. 가을에는 감자미끼에 통나무같은 잉어도 낚인다.

포인트는 제방 우측으로 이어지는 도로변 중류에서 상류에 많다. 저수지가 3만3천평의 아담한 크기에 비해 수심이 깊기 때문에 만수위때인 산란철에는 상류쪽 수초나 풀, 잡목이 물에 잠겨 있는 곳을 노려야하고 밤낚시는 수심이 평균 2.5m 전후가 적절하다.

미끼는 떡밥, 산란철에는 지렁이와 새우가 잘 먹히며 씨알이 굵다.

상류에서 거리가 떨어진 곳에 민가가 있으나 숙식에 도움이 되지않는다. 저수지옆 도로변에 텐트를 칠만한 공간이 있다.

■ **교통**

경상북도 북부의 교통요지인 영주에서 ㊱번 국도 따라 약 15km쯤 북동진하면 봉화읍내다. 봉화에서 동북방향으로 계속해서 6km쯤 더 가면 봉성면 창평리 마을이다. 창평리에서 계속해서 1.5km쯤 가서 있는 창평교를 건너서 왼쪽으로 산을 바라보고 좌회전 언덕길을 올라서면 창평지다.

서울에서 갈 경우 충주에서 ③번 국도로 수안보~문경새재~점촌을 잇고, 점촌에서 ㉞번 국도로 예천, 예천에서 ㉘번 국도로 영주에 오는 코스와 경부고속도로 김천 IC에서 ③번 국도로 상주~점촌, 그곳에서 예

천~영주~봉화로 들어서는 도로편도 있다.

■명소

□청량산 도립공원

봉화군 명호면 북곡리에 소재하는 청량산은 '경북의 소금강'으로도 불리우고 있는데 수목이 울창하고 계곡이 수려하다. 청량산 산중에는 신라 문무왕때 의상대사가 창건하였다는 청량사가 있다.

청량산에는 공민왕 당지(堂地)가 있는데, 고려 공민왕이 일시 피난하였던 왕궁자리라고 한다. 또 청량산에는 원효대사의 유적 원효정(元曉井)과 최치원의 유적인 치원봉(致遠峯) 그리고 김생굴등이 유명하다.

고현지(진보지)

소재지 : 경상북도 청송군 진보면 고현리
수면적 : 7만 3천평

백두대간 횡단 언덕길 국도변에

고현지는 1959년도에 만들어진 태백산맥 중턱에 있는 농업용수지다. 안동에서 안동호(마동)와 임하호(임동)을 거쳐 영덕행 ㉞번 국도로 진보에 이르면 거기서부터 백두대간(태백산맥) 횡단 언덕길이 시작된다. 그곳 국도변 언덕길 옆에 고현지(일명 진보지)가 자리잡고 있다.

산좋고 물 깨끗하고 더하여 월척붕어가 수두룩한 고현지는 낚시인이 아니더라도 거기 머물어 쉬고싶은 생각이 들 정도로 아름다운 경치를 뽑내고 있다.

물이 차서 붕어의 산란은 5월초순에 이루어지며 곧이어 갈수기가 다가오면서 밤낚시가 시작된다. 물이 맑아서 낮낚시는 어렵기 마련이다. 도로변은 낚시를 할 수 있는 완만한 터가 여러곳 있으나 건너편은 가파른 산이라서 접근할 수 없다.

하류쪽 도로변에 휴게소 식당과 매점과 공중전화 박스, 휴식벤치, 전망대등이 있어서 영덕으로 넘어가는 차량이 잠시 멈췄다 가기도 한다.

어종은 붕어와 잉어, 향어(가두리에서 빠져나온 것)가 있다.

■교통
안동에서 백두대간을 횡단하는 영덕행 ㉞번 국도에 진보면소재지까지 간 다음 진보에서 계속 6km를 더 가면 고현지 제방과 만난다.

■명소
□주왕산 국립공원
진보에서 남쪽으로 약 15km를 들어가면 청송이다. 청송에서 약 13km를 들어가면 주왕산국립공원이다. 주왕산은 해발 720m로 높지는 않지만 산세가 웅장하고 깎아세운 듯한 기암절벽이 마치 병풍을 두른 것같다해

서 석병산이라고도 부른다.

주왕산에는 나한봉, 선인봉 가운데 제일폭·제이폭·쌍폭 등 큰 폭포
가 있고 산속에는 11경(景)의 절승과 대전사, 백련암, 주왕암등 사찰도
있다. 주왕산 11경은 기암, 자하암, 백련암, 주왕굴, 굴훤, 급수대, 학소대,
향로봉, 복암폭포, 연하호, 좌암 등을 말한다.

송 소 석

1942년 황해도 평산에서 태어남
만주 철서전문학숙을 졸업
광복 후 '세계일보' 등의 기자로 활동
조력 50년·현재 한국낚시진흥회 이사
'주간 낚시인' 편집자문위원
저서 : 「붕어낚시 특강」, 「물길따라 붕어따라」
「암붕어 백마리에 수붕어 다섯 마리」 등 15권의 저술이 있다.

주 말 낚 시

글 쓴 이 · 송 소 석
펴 낸 이 · 이 수 용
제 판 인 쇄 · 홍진프로세스
제 책 · 민중제책
펴 낸 곳 · 秀文出版社

1998. 6. 5 초 판 인 쇄
1998. 6. 10 초 판 발 행

출판등록 1988. 2. 15 제 7- 35
132-033 서울특별시 도봉구 쌍문3동 103-1
전화 904-4774, 994-2626 FAX 906-0707

ⓒ 송소석

※파본은 바꾸어 드립니다.

ISBN 89-7301-069-7